祁门红茶史料丛刊

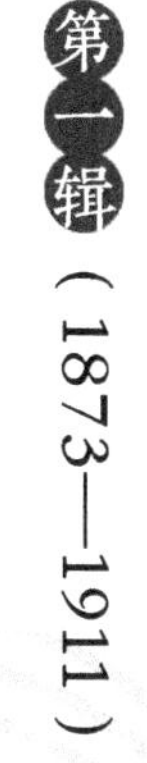

康　健◎主编
王世华◎审订

安徽师范大学出版社
ANHUI NORMAL UNIVERSITY PRESS
·芜湖·

图书在版编目(CIP)数据

祁门红茶史料丛刊. 第一辑, 1873—1911 / 康健主编. — 芜湖: 安徽师范大学出版社, 2020.6
ISBN 978-7-5676-3925-6

Ⅰ. ①祁… Ⅱ. ①康… Ⅲ. ①祁门红茶-史料-1873—1911 Ⅳ. ①TS971.21

中国版本图书馆CIP数据核字(2020)第077348号

祁门红茶史料丛刊 第一辑(1873—1911)　　康 健◎主编　王世华◎审订
QIMEN HONGCHA SHILIAO CONGKAN DI-YI JI (1873—1911)

总 策 划: 孙新文　　执行策划: 孙新文　李慧芳
责任编辑: 孙新文　李慧芳　　责任校对: 桑国磊
装帧设计: 丁奕奕　　责任印制: 桑国磊
出版发行: 安徽师范大学出版社
芜湖市九华南路189号安徽师范大学花津校区
网　　址: http://www.ahnupress.com/
发 行 部: 0553-3883578　5910327　5910310(传真)
印　　刷: 苏州市古得堡数码印刷有限公司
版　　次: 2020年6月第1版
印　　次: 2020年6月第1次印刷
规　　格: 700 mm × 1000 mm　1/16
印　　张: 18.5
字　　数: 346千字
书　　号: ISBN 978-7-5676-3925-6
定　　价: 59.00元

凡 例

一、本丛书所收资料以晚清民国（1873—1949）有关祁门红茶的资料为主，间亦涉及19世纪50年代前后的记载，以便于考察祁门红茶的盛衰过程。

二、本丛书所收资料基本按照时间先后顺序编排，以每条（种）资料的标题编目。

三、每条（种）资料基本全文收录，以确保内容的完整性，但删减了一些不适合出版的内容。

四、凡是原资料中的缺字、漏字以及难以识别的字，皆以□来代替。

五、在每条（种）资料末尾注明资料出处，以便查考。

六、凡是涉及表格说明“如左”“如右”之类的词，根据表格在整理后文献中的实际位置重新表述。

七、近代中国一些专业用语不太规范，存在俗字、简写、错字等，如“先令”与“仙令”、“萍水茶”与“平水茶”、“盈余”与“赢余”、“聂市”与“聂家市”、“泰晤士报”与“太晤士报”、“茶业”与“茶叶”等，为保持资料原貌，整理时不做改动。

八、本丛书所收资料原文中出现的地名、物品、温度、度量衡单位等内容，具有当时的时代特征，为保持资料原貌，整理时不做改动。

九、祁门近代属于安徽省辖县，近代报刊原文中存在将其归属安徽和江西两种情况，为保持资料原貌，整理时不做改动，读者自可辨识。

十、本丛书所收资料对于一些数字的使用不太规范，如“四五十两左右”，按照现代用法应该删去“左右”二字，但为保持资料原貌，整理时不做改动。

十一、近代报刊的数据统计表中存在一些逻辑错误。对于明显的数字统计错误，整理时予以更正；对于那些无法更正的逻辑错误，只好保持原貌，不做修改。

十二、本丛书虽然主要是整理近代祁门红茶史料，但收录的资料原文中有时涉及其他地区的绿茶、红茶等内容，为反映不同区域的茶叶市场全貌，整理时保留全

文，不做改动。

十三、本丛书收录的近代报刊种类众多、文章层级多样不一，为了保持资料原貌，除对文章一、二级标题的字体、字号做统一要求之外，其他层级标题保持原貌，如“（1）（2）”标题下有“一、二”之类的标题等，不做改动。

十四、本丛书所收资料为晚清、民国的文人和学者所写，其内容多带有浓厚的主观色彩，常有污蔑之词，如将太平天国运动称为“发逆”“洪杨之乱”等，在编辑整理时，为保持资料原貌，不做改动。

十五、为保证资料的准确性和真实性，本丛书收录的祁门茶商的账簿、分家书等文书资料皆以影印的方式呈现。为便于读者使用，整理时根据内容加以题名，但这些茶商文书存在内容庞杂、少数文字不清等问题，因此，题名未必十分精确，读者使用时须注意。

十六、原资料多数为繁体竖排无标点，整理时统一改为简体横排加标点。

目　录

一八七三至一八八四

一八八五

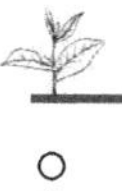

◆一八八六

◆一八八七

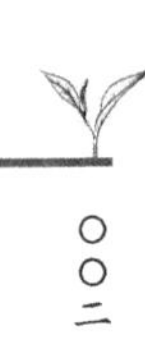

◆一八八八

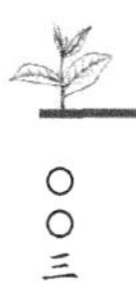

◈一八八九

◈一八九〇

◈一八九一

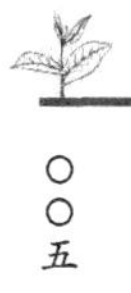

◆一八九六

◆一八九七

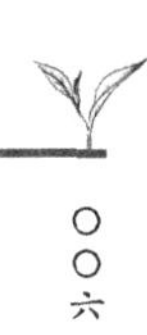

◆一八九八

◆一八九九

◆一九〇〇

◆一九〇一

◆一九〇二

◆一九〇三

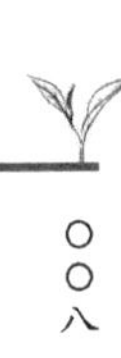

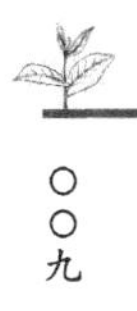

◆一九〇九

◆一九一〇

◆一九一一

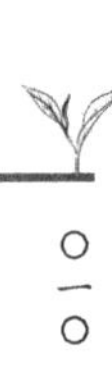

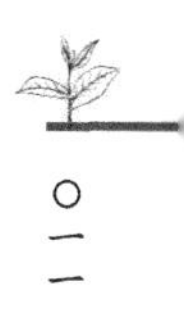

一八七三至一八八四

茶　税

徽属山多田少，居民恒藉养茶为生。向章新茶出山，皆归休邑屯溪办理，由休宁县派承查验给引，由太厦司勘合，切角放行，其税每引不过分厘。自咸丰三年筹办徽防，经歙绅禀请暂提充饷，历年递增，每引完纳厘银三钱，捐银六钱，公费银三分。同治元年五月，奉钦差两江阁督都堂曾颁定新章，每净茶合库平银十六两八钱。秤一百二十斤为一引，每引缴正项引银三钱，公费银三分，捐银八钱，厘银九钱五分，共缴银二两零八分。由督辕颁发三联引票、捐票、厘票，随时填给，不得于三票外多取分毫，所经关卡免厘放行。其捐票俟茶开运后，准商人持赴总局，照筹饷例，一律请奖。各属分设茶局，祁局设于塔坊，派员同县会办，祁有茶局自是年始。

同治二年二月，复奉阁督部堂曾札饬，自二年五月初一日起，每引加捐库平银四钱，共缴银二两四钱八分。同治五年十二月，奉爵督部堂李札饬，自六年春起，裁去引捐厘三票，改用落地税照，以归简便。其税仍完二两四钱八分，于内划出一两二钱，准作捐银，照旧请奖。

同治《祁门县志》卷十五《食货志·茶税》

附新定茶引章程

按自兵燹后，创设厘局，征收茶税，一时未有定章。同治元年，两江总督曾国藩颁定新章，每茶一百二十斤为一引，每引缴正项银三钱，公费银三分，捐银八钱，厘银九钱五分，给发三联引票、捐票、厘票，准将捐项银两，照筹饷例，一律请奖，各属茶局派员，会同地方官办理。二年，每引加捐银四钱。五年，署两江总督李鸿章裁去引捐厘三票，改用落地税票，以归简便。每引仍共完银二两四钱八分，于内划出一两二钱，准作捐项请奖。

《（光绪）重修安徽通志》卷七十八《食货志·关榷》，光绪四年刻本

红茶被累缘由

茶商公启

徽州祁门与江西浮梁连壤所产之茶，由小河必经景德镇卡而过。其茶装箱之时，先请茶引局，概用两江督宪颁给库平司马秤，较准斤两，每箱计净茶若干，除皮若干，由茶引局核算引额，照章完纳，每引库平税银二两二钱八分，填给引票，注明箱数，交商执票护行。再由初次出境之卡查验箱数，抽称斤两，核算与引票相符，盖戳放行。其余沿途关卡，查明箱额相符，验看有无夹带，向无复称留难、需索等弊。

今春祁浮运茶者至景德镇，该镇素设两卡，上卡景字，下卡德字。在浮邑之茶，以景字卡为初次出境，固宜较核斤两。在祁邑之茶业，经到湖卡查明盖戳，而景卡亦一律称之，辍以每箱斤两不符第景卡之秤。如果系督宪所颁库平司马称出重斤，当照引票上所刊之例，加以重罚，咎无可辞。乃该卡故用小秤称较，不多者亦多矣。以此留难，存心索费，茶船到卡投票请验，即将引票扣留，串同巡丁，索取规费。小票一卡，需洋三五元，大票需洋十数元，稍不如意，则执票不放。但洋商向例在汉口、浔江采办新茶，以三礼拜为期，如产茶之区样箱，由陆路赶到，即先行卖去，概以一礼拜即要交茶。迟即有退盘割价等累，不得不遂其所欲，以冀赶快满□。此关已渡，前皆坦途，讵知数武之程，又为德卡所阨，复查复称，需索尤甚。过了德卡，又为古县渡卡所困，诈钱狠心，又胜一倍，幸而饶州及以下之卡，尚顾大局，不作留难。若处处苛求，私费恐浮于正额矣。客途被诈，苦不堪言，前任两江督宪曾每念徽属茶税倍重他省，禁止丝毫外费，而卡员不能体上宪爱民之至意，商贾成为畏途，虑恐茶叶税饷渐为短拙。今岁汉口售出红茶，退盘割价者将已及半，每盘多拆资本重大，实被该卡所累。但引照发自制宪箱数引额，由茶局核定填明，而卡员概以视为具文，百姓将何取信？该卡诈索钱文，闻该商等将粘单喊禀上宪，然国家设卡抽厘，原济军饷起见，岂容私索私加，想茶税向有定章，尚且意外苛求，若投卡纳厘之货，即不知中饱几倍矣。

《申报》1880年8月4日

茶业须知

昨闻贵报载有茶业宜慎一条，此乃实情实事，非个中人不能深知，又非个中有心人不能言之如此真切也。

我中国茶务之疲敝，年甚一年，在红茶则为印度所牵制，而绿茶亦被东洋所冲销。且印度、东洋两处采茶甚早，故得茶色秀嫩，兼之厘税又轻；中国采茶较迟，是以茶身粗老，而且厘税又重。若两相比较，其货色、成本好歹，轻重之别，奚啻天渊。中国茶务疲敝之由，职是故耳，然实咎由自取。尝见各庄在山里办茶，往往好高斗胜，互相标价争夺，当时高兴，全不计及成本高昂，亦何暇分辨茶色优劣，总期一网兼收。及其运茶至汉出售，又复争先恐后，洋人窥客情急，遂致交货时，每多藉辞退盘，或因而割价食磅，情弊百出，在在皆然。旁观者尚觉伤心，而客人则惟有委曲忍从而已。所谓跪买跪卖，亦属可笑可怜。贸易场中，谁不欲将本求利，但如此做法，利于何有，尚得谓之生意耶？虽然退盘割价，未尽是洋人之过，亦由有等茶劣不符有以启之耳。

窃念茶业为中国大宗贸易，弄到如此局面，以致连年大亏厥本，商情亦属苦极。然则亟宜集众，妥筹善章，以安本业为妙。又宜向山里各处标贴，劝谕各山户人等，嗣后务必约齐，于谷雨节前采茶。如是则茶色必然秀嫩可观，不逊于东洋、印度矣。茶之好歹无他，在乎秀嫩与粗老之分别，早摘则秀嫩，且可得高价。即如旧年，宁州茶有等可沽到四五十两者，有等只沽二三十两者，市价悬殊，显而易见，各山户人等，亦何乐而不为？

兹因茶事登场，不惮数行渎告。惟望山户、茶商捐除积习，各知趋避，则此后中国茶务或有转机。而盖此者咸受其益，利源亦不致为印度、东洋所夺也，企予望之。

《申报》1881年4月6日

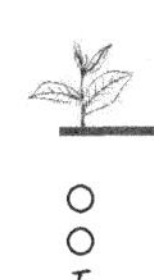

论中西茶业

茶之利本为中国所独擅也，至近年，而印度、东洋亦皆产茶，而利乃渐为所夺。然中国茶利所以为外洋得夺者，仍是中国人之自取而已。何则？中西之人好利之心皆同，而谋利之术则异。西人勤，而华人惰；华人多贪天之功，西人则欲以人定胜天。其实人力所至，天固不得而限之，特患人之不能勤耳……

中国之茶，不知培植之法。譬如购一茶山，山有茶树若干，至每年采茶之时，视天时之美不美，以卜出茶之多不多。设或天时不正，雨水不□，则出茶不多，亦止好听天由命。不知茶亦草木之一种，草木固顺时而生，而苟得人加意栽培，则愈觉有欣欣向荣之意。试观花草之类，经人栽植、浇灌得宜，自有蓬勃之气……

况茶之为物，较他木尤为易长，倘得人工调护，更不难使之畅茂。而乃中国之于茶为生意之大宗，而所以培植茶树之法，竟废而不讲，又何怪茶业之日衰也。论者谓："中国之茶多□假，故为外洋所不信。"然茶苟培养得法，叶出繁多，价亦必贱，又何待作伪以希厚利也乎？印度种茶之法本得之于中国，而深思远虑，精益求精，不惜工本以竭力培植之，故其茶之出产，日盛一日，年旺一年。虽今年如盖札耳地方因遭冰雹，产茶不甚繁盛。……然历观西报所载，西人培植茶树极为认真，不胜爱护，郑重之意，故其产茶之数，日增月盛，恐将来中国之茶，其利皆渐为外洋所夺，则亦何不幡然变计，用心培养，使茶树之繁茂，山价既贱，则成本已轻，用以售之外洋，销场自然活动，而获利无难矣。

窃谓中国种罂粟之处，颇能尽心爱护，较之茶树，反若倍加珍重。然罂粟之利，虽亦不薄，而所售之浆乃适足以害人，何如茶叶之利无害人之弊，而可为获利之资，则曷不由禁种之……

吾知中国之茶业，安必其不能复振也，非然者。印度之茶，既见其岁有所增。日本之产，亦年年加广，出茶既多，货色又好，贩运更为便捷。而中国之茶，则既虑其作假，又嫌其货低，出叶不繁，山价益贵。如是而欲于此中觅蝇头之利，犹恐不得，而犹可夸为生意大宗也哉？

所愿与业此者，一再商之。

《申报》1881年5月25日

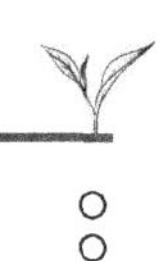

古县渡卡

易制留难，谨陈原尾事，缘商等在徽州祁门与江西浮梁贩运洋庄成箱红茶，恪遵定章，以茶成箱之日，请本处茶引局饬司事，先行过秤，除皮核定斤两，计箱数若干，由局尽数请引，向无丝毫隐漏。□洋商□年，在汉口采买春茶，大□以半月为期，故各路成箱之茶，总以趱快为先。光绪六年，商等所运祁浮箱茶，因各卡查验，稽延到埠，交货日迟，大半退盘割价，各商亏折甚巨，苦□□陈其概。蒙各卡员访闻，故今年春茶过卡，稍蒙体恤。不料五月间，江西古县渡卡添一江姓巡丁，顿将规模复坏，箱茶船到，将票请验，守候不放，再三催请，复叫船人挡秤称较。且古县渡卡，乃是江西中□，上非进口之处，下非出境之处，又未奉有督宪颁发引秤复秤，即是索费之由，小费不妥，将引照勒住不发，商人不胜其苦。且茶箱斤两划一，早蒙上宪□悉所售□商之茶，无论一二百箱至千箱者，均只过磅三五箱，其余概照磅兑价，其中已无隐漏，可知故制宪颁给引照，各卡只有查验箱额之责，并无查较斤两之权。如果秤同一类，实心随查，□□即于事亦无所损。景德镇卡为江西进口之处，查验较秤，用牙厘局秤称，每斤较茶引局司码加八钱核算，故与商人引秤相符。古县渡卡亦用牙厘局秤，顿改制宪定章，不肯按加司秤，以至茶斤不符，留难之甚。纵有一二当事者至局请见委员，申明司秤向有定制缘由，则徘徊一二次，终不能得亲一焉，只得隐气，有用钱补厘票而行，有用小费而去，并言过此处之卡，自有此处□衡，何得将制宪定章抵塞。前任两江督宪会所定库平司秤，非是格外宽待商人，因成箱之茶售与洋商，乃呈库平司秤，故茶税秤亦归一类，毋□商人，税饷虚供。且就地请引，以及洋关税饷，均系库平库色，定章之始，奉行廿一年矣。正税乃国家军饷，虽巨出自甘心，小费饱卡丁私囊，数串亦属难舍，倘大茶号一年可筹饷数千两，小茶号亦可筹数百两，均为国家有用良民，而反受一卡丁欺侮，卡员不加约束，不能体恤商情。若使他日服官，焉知爱惜百姓？留难如此，商贾成为畏途，恐于筹饷有碍，践陈原□，伏祈赐鉴。众商仝具。

《申报》1881年8月17日

茶业可危

外国新闻纸有言中国及印度茶业者云："十年以前，外洋买中国茶者十分之八，买印度茶者十分之二。近年以来，则买印度茶者，竟有十分之五。中国之茶业愈形不济，此实由于印度种茶愈多，铁路运货极易，做手亦好。中国产茶内地，载运甚

艰，加以沿途厘捐关税所耗益多，价遂增贵，做手又不甚佳。故至于此，将来恐中国之茶，买者益少，则印度之茶业，必更加盛云云。”此言颇为近理，窃愿中国之业茶者，必须采制佳品，速为贩运，方能获利。官亦当设法保护，或令运贩稍易，或令捐税稍轻，则尚可与印度争胜。否则，恐印度将独擅此利矣！

《申报》1881年12月2日

汉皋茶市

茶市情形，迭次列报。兹闻二十三、四日，各路已有新茶到市，约有三百余字，往年头茶到汉，从无似此踊跃迅捷。盖因今年晴雨调和，故茶味纯正，色香亦格外较胜，诸西商随即采办。……

《申报》1882年5月16日

汉皋茶市

汉口虽百货汇聚，而以茶为大宗。本年三月二十一日，江右、两湖、安徽等处新红茶，次第开盘，其行情叠经入报。惟售出之红茶数，并先令汇票价，及与去岁茶市互较情形，尚未备列。兹特详开，以供众览。查今年自开盘起，至四月十三日，即英五月二十九号止，装往英、美两国红茶，二五箱共三十八万一千九百四十口。溯查去年从开盘至同此日止，共装往英、美两国红茶，二五箱三十四万六千二百三十口，则今届多装出三万五千七百十口矣。又查今年截至四月十三日止，装往俄国之茶，二五箱二十五万五千八百二十口。旧年同此日计，装往俄国之茶，二五箱仅二十三万八百口，计多二万五千二十口，两共多运出二五箱六万七百三十口。故据目前而论，红茶出洋者，似有起色，但不知后来之茶如何耳。刻下头字茶已毕，正二三字正当旺畅，无如行情已跌。……

《申报》1882年6月6日

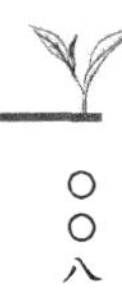

茶庄消息

今春茶信，前已略述。兹接汉友来信云：汉皋茶商自仲春起以至于今，远近皆陆续进山采办，此则常年如此，固不待言宁州之收青枝者。闻月初已经开秤一处，如此想他处亦然。惟近日闻汉口各茶栈家，业经公禀道宪请照会各国领事府，转饬各西商，缘收茶之磅，每年各家总有不能划一之处。为此，公举得隆泰行内之西商贺君德华为司磅，将来红茶过磅买卖，惟伊是凭。而西商又谓，今年收茶，议将各茶庄之每字堆尾，不论一箱、两箱，皆须剔出不收。又云：宁州、祁门、河口等处之茶，须大帮到汉，方得出售，不得以大帮尚在九江，汉口已看样成交也。至于今年两湖、江西茶庄数目，较之去年，两湖止少二十一家，江西仿佛如旧，其中明虽所少有限，论者谓暗短不少，皆因银根紧迫之故，所以各商存心减办，大抵今年每字箱额，不甚加大，或者赶头字、减二字，亦容有之。今将两湖、江西庄数列后，两湖羊楼峒廿八，崇阳十二，白霓桥三，大沙坪十，通山八，咸宁马桥四，杨芳林五，湘潭七，宜都二，羊楼司五，云溪连土庄十五，聂家市十一，长寿街十四，平江、晋坑、语口、张家坡十三，高桥十二，礼溪十二，浏阳十三，安化五十四，桃源十四，宁乡围山四，共二百四十六庄。江西宁州二百十，武宁三十七，吉安十六，祁门五十四，建德三，河口十八，九江三十，共三百六十八庄，统共六百十四庄。

《申报》1883年4月29日

浔茶开盘

汉口茶信，经前月杪登报后，近又数日。计自初三日起至初五日，两湖茶约到有二十多字，宁州、祁门两处到有八字。江永轮船到汉，又闻运到该两处茶七八十字，各茶栈拟将发办，大抵初五日下午，欲送样也。据各西商茶师品评，新茶香气、滋味、汁水、老嫩等项，诚不亚于上年，惟颜色似较上年稍暗，因天时多雨，少晒所致。目下到者，已有如是之多，初六、七两日内，定更涌至。然新茶开盘，近年则总推九江为先。刻闻得浔江信息，初四日已开盘，怡和行收买宁州茶三字，栈家系隆泰昌，第一曰兰馨二五茶七百五十箱，价四十四两；次曰绿根二五茶三百

六十五箱，价四十二两；次曰奇香二五茶三百六十五箱，价三十七两。其间尚有一字曰义顺，不知箱额，业已出办，尚将成未成，价在四十两之谱。至于汉江上外洋运茶轮船，日有驶到。自上月二十九日，隆泰到一艘，怡和到一艘；初一、二，怡和、天祥到两艘；初三，天祥又到一艘；初四，又到三艘，共有八艘云。

《申报》1883年5月15日

九江茶市头盘行情

甲申四月十三日，九江茶市开盘。据闻较去年行情约高二两，茶色亦佳，均可沾润。今将头盘八种字号开列于后。……祁三百三十六件，三十四两……

《申报》1884年5月11日

浔茶市价

九江茶市，于十三日开盘，至十五日，怡和、德兴、天裕各洋行共买一万余箱，寄汉口一万箱。此已由电传知，早经录报。兹悉怡和买进约三千七八百件，天裕约四千三四百件，德兴约二千余件。奇馨茶价，四十三两五钱；宁州各茶价，四十二两至三十八两；祁门各茶价，三十三两至三十两。……

《申报》1884年5月14日

茶市续闻

汉口茶市情形，叠次列报。兹接十八日来信谓：宁祁茶，自江宽船到后，又到上海、江裕两船，共装宁祁两茶，计十余万箱。十六、七两日，沽出宁祁茶四十二字，约三万七千箱。……闻十八日，售出两湖与宁祁茶一百数十余字，其详细俟后再录。外洋运茶大轮船，共到十艘……

《申报》1884年5月16日

续报茶信

昨得汉友二十日来信云：今年之茶市，各处出产，收汛均佳。十六日开盘以来，屈指四天，各行刻下收价，尚无低减。观已售行情，则祁门最好，宁州次之……现总计已到两湖与宁祁等茶，共六百四五十字，两湖二十八万多箱，宁祁等十四万三千多箱。十九日止，沽出宁祁等茶一百八十一字，计八万五千三百多箱……

《申报》1884年5月18日

浔茶续信

九江茶市开盘，前已列报。兹将连日所买各茶价数并寄汉各茶箱数，截至二十二日止。闻十六日，德兴行买祁门兰馨，二五工一百一十箱，价二十九两五。……。十八日，德兴买祁门奇香，二五工二百零二箱，价二十七两七钱五分。……。十九日，怡和买……祁门春香，二五工一百七十七箱，价二十六两；德兴买祁门兰芽，二五工一百三十箱，价二十八两五。……

《申报》1884年5月20日

汉口茶信

汉皋茶市是中国大宗贸易，故本馆逐日据闻照录。兹闻核算至二十二日止，宁祁、两湖茶共到九百五六十字，约宁祁十八万三千余箱，两湖四十一万五千多箱。查旧年头春茶，宁祁有三十万余箱，两湖有五十五万余箱。今箱额较之旧年，宁祁尚短小半，两湖亦少十四万多箱。……二十二日，沽出宁祁三百零八字，计十二万一千六百箱。……盖西商因来茶颇旺，是以骤跌价目。然据茶客云，山价近反提高，是来货之不多已可概见。若照目下行情，两湖除通山或能敷衍外，其余已难够本。宁祁除祁门外，折耗实不少也。……

《申报》1884年5月21日

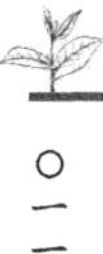

伦敦茶信

昨日伦敦有电报来沪云……。今岁上半年，伦敦所用中国之茶，较去年减去六百万磅之多云。按今年所买，第一次新茶至上海时，再为察验，较之初样，殊为不佳。惟祁门则与样一律，故今年沪上各西商颇形不快。而伦敦传来消息，如此惟愿目下华商之入山收第三次茶者，各宜小心拣选也。

《申报》1884年6月29日

一八八五

茶讯近闻

汉口茶市情形，其大略前已述及。兹闻如目下，雨阳得宜，未落黄砂，则茶叶必视往年更胜。现闻业已开秤，其秤规及开销章程均经照旧，惟价码尚无确信。新茶到汉约总在月底，月初再两湖。茶庄前报进山时不过六成光景。今悉各处山头来信，所减无几，宁河等处庄数较旧有增无损。祁门、建德两埠较旧加增，大都因去岁稍沾薄润耳。……祁门七十九，建德六，河口十九，九江三十，共二百六十七。

《申报》1885年5月2日

茶样到浔

十八、九日，新到宁州、祁门各茶样，闻叶色鲜嫩，汁水较往年尤美。惟今年各山收茶，价甚昂贵。九江各茶栈，现已陆续发女工拣茶，计浔茶开盘，总在月底初也。

《申报》1885年5月8日

茶市开盘

昨上午十一点三十分时，本馆接得九江友人发来要电云：本月二十五日，祁门茶已开盘，共买七字，其价计三十四两至三十八两云。至晚上八点二十分时，又得汉口友人专电云：闻浔阳祁茶已开盘，天裕洋行买三字，怡和洋行买四字，其价三十五两五至三十七两，较旧加多一两五，箱额较旧加三。盖同此一事，而视九江所发电函益加详细。惟所报行情，不无稍异，大约传闻两歧耳。……

《申报》1885年5月11日

浔汉茶市

浔江茶市，前经由电报知。兹又接得汉口访事人雁足书云：历年浔江红茶开盘，俱由宁州茶居先。本届祁茶庄数多于曩昔，茶商赶紧办就，迅速运浔，故开盘独得争先一着，且箱额改大，较往年加十分之三……今年浔阳茶价，较上年高出一两四五钱，想浮梁巨贾，不难利获蝇头也。所有三月二十五日浔阳祁茶开盘价目，附列左（下）方。计天裕行，仙香三百三十五箱，价三十六两；亿大三百六十箱，价三十五两五钱；茗芽三百二十二箱，价三十五两五钱。怡和行，雨芽三百零五箱，价三十五两；仙芽三百三十一箱，价三十六两五钱；玉品二百零一箱，价三十七两；利源三百零四箱，价三十四两。

《申报》1885年5月15日

浔茶市价

九江茶市于三月二十五日开盘，其价已列昨报。兹又悉二十六日，德兴洋行进怡盛二五祁二百九十二箱，价三十三两；仙蕚二五祁三百十二箱，三十二两五。怡和洋行进萉菁二五祁二百九十九箱，三十四两。……二十七日，怡和洋行进……碧乳二五祁二百八十六箱，三十二两五。天裕洋行进仙芽二五祁二百箱，三十三两；永昌二五祁三百三十二箱，三十三两；魁芽二五祁三百五十箱，三十四两五。德兴洋行进瑞香二五宁二百六十五箱，三十两零五钱；龙芽二五祁二百五十箱，三十二两五；奇香二五祁百八十三箱，三十两零五。

《申报》1885年5月16日

汉口茶市

昨得汉口来信……三月二十八日午后，宁祁茶开盘，共沽出宁州茶三字，祁门茶三十二字，共计一万一千五百九十一箱，其行情比旧岁约高一二两。照此揆度茶

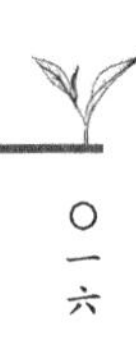

商，或有微利可沾也。至各洋行所进各茶行情，另列后幅，兹不赘述。

《申报》1885年5月16日

再述茶市

汉皋自前日宁州、祁门等茶开盘出售后，市面不见畅旺，各茶师皆意兴索然。曩年初开盘，每日须购百余字，今则非昔比矣。……宁、祁两埠共到一百八十余字。据闻后船续来者，亦止三十多字，所到外洋茶船，计英船四艘、俄船三艘，开放头船，尚未议妥。此汉友四月初一日来信所述者。

《申报》1885年5月18日

茶市再述

汉皋茶市情形，节次录报。兹于四月初四日止，计共沽出宁祁茶二百六十字，额计十一万七千一百五十二箱……。共计已运到之茶，至初四日止，宁祁三百五十六字，计十五万三千四百二十四箱……

《申报》1885年5月22日

浔茶续信

初一日，怡和进……；春芽二五祁二百五十七箱，三十一两五；天香二五祁二百七十六箱，三十一两五；天裕进瑞香二五祁一百三十八箱，二十九两。……

《申报》1885年5月22日

汉口茶市

汉镇茶市，自三月二十八日开盘，至四月十二日止，计两湖茶共沽出二五箱二十七万四千一百五十箱……。至于宁祁等茶，亦算至十二日止，共沽出二五箱十八万二千七百五十箱，刻下汉江尚剩三万六千六百多箱。查较去年此时，当亦少四万余箱。现所未售者，多属二字茶。其行情，宁祁两处茶，以十六两二钱五分起，至三十八两五钱止。……

《申报》1885年5月30日

茶市近景

汉口茶市，自三月二十八日开办，至四月十九日止，共来宁祁茶七百八十二字，计二十七万八千零四十箱；两湖茶来六百八十五字，计四十五万二千八百九十三箱。共售出宁祁茶二十六万一千四百五十五箱，两湖四十二万四千三百八十一箱。汉口现存宁祁茶一万六千余箱……。前礼拜内行情，宁祁茶约十三两至二十八两五钱，河口茶十三两二钱五分至二十两……。

《申报》1885年6月7日

茶市近状

汉市茶信，自四月二十八日至五月初三日止，共来湖茶九百五十五字……。至于宁祁茶，亦于初三日止，共来八百七十三字，计额二十九万九千余箱，业已沽出八百三十字，额计廿八万九千余箱。付申者计十二字，二千零八十八箱，尚存汉江七千余箱，比上年只短三千余箱。按宁祁茶历年规矩，头春末字，必由浔付申，从未有运来汉口者。今因见两湖茶短，均运至汉皋出售。此头春尾帮，大约三四万箱之谱，约计今年宁祁茶，亦较上年短三四万箱，曩年不到之茶已经凑数，则缺额不更多乎？……查今年两湖、宁祁茶头春及尾帮，共短十万有奇箱。前两礼拜内，各

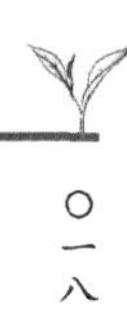

茶行情，宁祁茶以十二两二钱五分至廿一两二钱五分。……

《申报》1885年6月22日

皖南茶税请免改厘增课全案录

徽属处万山中，地硗确鲜恒产，而其土宜茶，居民多植之。西洋通商中国，首重丝茶，徽人遂得获茶之利，每当春夏之交，采之、拣之、焙之、捆之，工佣妇子，赖生活者以十数万计，不独业茶，商家征逐什一也。

初粤东通商，业茶者课轻而利厚。迨江海各口均许互市，日本、印度各国亦皆植茶，引捐厘费迭议加增，利日分遂日微，且时有折阅者。光绪甲申，海上有事，筹防需饷，部臣议重榷茶之法。

徽属商家将尽弃其旧业，而工佣妇子，此十数万人一旦绝其口食，势汹汹恐有变。维时吴敬思观察督办皖南茶厘事务，目睹情形，心焉悯之，遂据众商禀诉，剀切详明，毅然陈请悉仍旧贯，得邀制府嘉允，备以入告，此固制府之虚衷纳言，而亦观察之积诚任重有以动之也。夫兴利必筹其久，而立法宜务其大。自长江创立经制水师，茶厘专供岁饷，使茶商因重榷弃业，水师致缺专饷，是未有所益而先有所损，非所以为久计也。且日本、印度各国必将日加栽植，以坐收其利权。是此有所绌，即彼有所赢，非所以顾大局也。然则观察此举，又岂独徽人赖之哉？爰述其颠末如此云。

光绪十有一年岁次乙酉季夏月海阳吴廷芬谨序

光绪十一年六月二十八日，皖南茶厘总局奉两江爵督部堂曾行知，照得皖南茶商困苦，碍难改厘增课，吁恳天恩，仍照旧章完纳一案。经本爵部堂于光绪十一年五月初一日，专差恭折具奏，当经抄折咨行在案。兹于六月初一日，差弁赍回原折，内开军机大臣奉旨著照所请户部知道。钦此。

督办皖南茶厘总局三品衔江苏补用道，为核议详覆事。本年二月初七日，奉宪台札开准户部咨会，议筹备海防饷，需各节饬局妥速查核，议详察办，并颁发刊单一本到职局。奉此遵查刊单，开源节流二十四条，内载一就出茶处所，征收茶课。据总理衙门单开，光绪八、九等年，出口茶数多至一万九千余万斤。查道光年间，

英国所收茶税约计每百斤收税银五十两，而我之出口税仅纳银二两五钱，不及其十分之一。

今拟设法整顿茶课，或照甘肃茶封之例，每五斤征银三钱。就园户征收增课甚多，而洋人无所借口。或照宁夏延榆绥等处茶引，每道征银三两九钱之例，于产茶处所设局验茶，发给部颁茶照，每照百斤，共征银三两九钱。经过内地关卡，另纳厘税验照，盖戳放行，不准重复影射。所有茶照按年豫行，赴部请领，原领执照一年之后，作为废纸。如此征收，亦与洋商毫无窒碍。或于产茶处所验茶，发给部颁茶照。既完课三两九钱，再倍收银三两九钱，前后共收银七两八钱，将向之一切杂费均予豁除。惟于各海关及边卡，凡应纳洋税处，仍照向章完纳。若在内地行销贩运，无论经过何省何处厘卡关榷，均免其再完税厘，则改厘为课，改散成总，既便稽考，或免侵渔。惟园户及贩商，若何稽查，可无走漏，应令各省督抚参酌定章，覆奏办理。各等因。职道遵即转饬皖南各局县卡传集徽宁池三府及所属江西德兴、彭泽各茶商，面为劝谕，勉以大义，谕其共体时艰，正在体察情形，拟议商办间。

兹据皖南各属茶商李祥记、源馨祥、朱新记、亿中祥、殿春益、同丰泰、林茂昌、震昌源、怡馨祥、生达元、公和永、恒春祥、怡生和、永茂昌、永昌福、永华丰、益泰祥、福生和、裕生和、聚隆、聚昌、殿记、亮记、同福、义隆、怡达、宝和、永达、茂达、永春、同茂、利记、春隆、永馨、长春、永记、广生、立昌、森盛、荣茂、成记、亿同昌、永和祥、永和春、春馨祥、义祥隆、义泰祥等禀称，为课重难支，商民交困，沥陈下情，叩求转详乞恩事。

窃商等恭读户部新议筹饷各章，二十四条内载茶章改厘为课一条，所拟收数以皖南一百二十斤为一引计之，约每引收课银至九两三钱六分。较之道光年间皖南课额加多数十倍；较之兵燹后，前爵阁督部堂曾明定章程加多银七两二钱有奇。加以出口洋税，约每引须完课税银至十二两三钱六分之多。

溯查道光年间，皖南之茶皆请部引。每引完课银三钱，公费银三分。自咸丰初年，军务繁兴，前都堂张加捐银六钱，准给奖叙，并引共完银九钱三分，已较道光年间正课加两倍矣。迨同治元年，前爵阁督部堂曾，议加分晰引捐厘费四项，明定章程，每净茶司马秤一百二十斤为一引，分纳引银三钱，公费银三分，厘银九钱五分，捐银八钱，共完银二两八分。

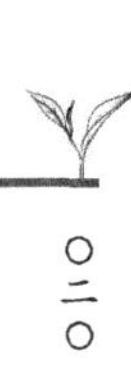

嗣因金陵饷绌，同治二年又续劝每引加捐银四钱，内拨一两二钱，援例请奖。是厘捐两项，已较道光年间正课加至七倍之多，并蒙前署督爵中堂李饬令，俟军务肃清酌减捐，以纾商力。适有洋人来皖运茶，落地做茶，冀免捐厘，因改引捐厘之名，为洋庄落地税，名目遂相沿至今。此引捐厘改为落地税，初起之缘由也。

惟是军务久经肃清，茶捐竟未酌减，年数已多，商力甚竭。光绪五年，恭读邸抄各省捐局一律停止，满谓此项茶捐一两二钱，指日可停，顿苏商困。而前督部堂沈乃于茶捐一两二钱之内仅减二钱，奏请停奖。是捐例停而捐款不停，似与部议已属两歧。

七年，商等复因销路疲乏，禀请将现收捐银一两裁减一半或三分之一，稍慰商艰，与其他日免捐已至告匮，莫若随时酌减，先使略纾。荷蒙前督部堂刘奏减续加之二钱，仍有捐银八钱不减，亦不准请奖。彼时商等只求酌减捐银，不求请奖者，无非欲宽一分商力，即培一分饷源，徒邀虚名而无实济。是以商等有求减不求奖之请，总期防务稍松，不敢冀减厘银九钱五分，而捐项之八钱停止可待矣。

不料近读部议新章，不能于前捐之内有所减，竟于捐项之外大加增。虽曰济饷，实属苛民。窃思百姓不足，君孰与足，此言深可味也。况今日之时势，商民出产价值更异于昔。商等身受其累，不得不缕晰陈之焉。

课与厘迥异也。道光年间，皖南每引茶只纳课银三钱三分。即至军兴，前都堂张加捐请奖而不加课。同治元年，前爵阁督部堂曾加捐厘而亦不加课。其时何不加课，盖课乃维正之供，一成永不可易。捐厘是权宜之计，随时得以变通。皖南茶产每引纳课无几，于民甚便。现完之捐厘，已增七倍之课，商困难堪，满拟禀求酌减捐银，即不减亦难再加，何况改厘为课，较原额加至数十倍乎？民不安业，饷何能济？至于英国所收茶税，道光年间，闻每百斤只收进口税银五十先零（令），约银不过十一二两之间，并非五十两。现闻已大加裁减，向来外洋不计两钱分等数目字样，而茶百斤卖价，亦未有如许之多，岂纳税竟高于价值乎？商等世业洋庄茶，于中外税则颇知一二，今部议援引英国之例，恐未免有误会之处也。

今之价值与昔迥异也。溯自承平之际，皖茶赴粤东发卖，无捐无厘，惟过赣、韶二关，每引共完关税银一二钱。及抵粤省，卖与洋人，每石可得银五六十两，或三四十两。出口税银，洋人自纳。自上海通商，卖茶出口税银须华商代纳。即咸丰、同治年间，虽有捐厘，而茶价高昂，除去课厘、关税及一切开销，尚有微利可沾。现今每引茶，先于做茶落地完税银二两八分，出境抵九江之姑塘关每百斤又完关税银二钱六厘，规费银七分。九江装轮船，即于九江新关每百斤预先代完江海关出口洋税银二两五钱，合共完银有五两四钱一分之多。即走浙省一路运沪，则于浙江威坪厘卡须加完银三钱，杭关等项银约二钱，浙西又有塘工捐五钱，厘税等项合共完银亦有五两数钱之多。洋人买茶概不完纳，较前暗占便宜，加以买茶山价、做

工、薪水及木箱、锡皮、沿途水脚、栈租、利息并过磅使费等项，合计成本银三十三四两不等。而卖价每引价值只得银十五六两至二十五六两止，较之昔时，大相悬远，载在历年《申报》，并非商等虚语，亏折实甚，营运俱穷迫。至逋负无偿，空乏难补，再拟加课，则做茶者裹足。而皖南田少山多，民惟茶是业，园户产茶，无从售卖，生涯将绝，税课又安所出乎？

时势迥异也。从前东洋、印度各国从不产茶，每有所需，必资中国。而今出产多于中国数倍，年盛一年，悉用机器收采、制造，日渐精美，且成本轻，而价目廉，运费近而花销少。推原其故，皆因皖南茶捐重，折本歇业者多。种茶贫民每年茶市滞销，苦不聊生，迫不得已将茶芽、茶苗、茶子价卖东洋，运赴外洋，栽植成丛。复于茶盛时，又出重资招雇华人，往彼工作，其茶味无异中土，其地又近外洋，交易甚便，税饷悉除。现视为利薮，群趋之若鹜。彼则愈推愈广，此则愈滞愈困。从前洋人所必需之茶，今则可有可无。如彼歉收，则华茶尚可保本；倘彼所收丰盈，则视华茶为粪土。价值低昂，操之洋人，商等毫无把握。窃思茶课聚为军饷，茶利散归外洋，其害伊于胡底乎？

财力迥异也。军兴以前，民间休养生息，历有年所。凡以贩茶为业者，多系殷实之家，自出资本，且取税少，而成本轻，价又高昂，故畅销易，而运茶踊跃。茶既多销，产茶之处，人功倍植，滋养亦无不尽力。迨至兵燹后，民间凋敝，贩茶者资本多系借贷，且贷于洋商者正复不少。近年又值价低销滞，虽蒙大宪洞悉商艰，先后减去捐银四钱，而频年来销路未畅，商人之改业者十居六七。产茶之处，民力亦渐颓惰。若再加课，利源将壅。即如光绪五、七两年减捐，较之光绪元二三年茶税增多，盖捐银减则成本轻，销路易畅也。可见减捐与未减捐，收数无异，且于正项有增，是即于恤商之中已获招徕之效，且即于畅销之际，阴寓鼓舞之权。如谓加课，可济军需，课加则成本重，成本重则茶不轻做，亦不轻售。即产茶之处民力荒，茶出日少，将徒有加课之名，无加课之效，财力之不赡，势固有必然者。

请奖与不奖励迥异也。从前茶捐例开捐票，可以请奖，并可移奖。如票银一两，能获移奖银多少不等，则捐票犹可收回，移奖银两不无小补，勉力输将。今筹饷例各省皆撤，而皖南茶捐仍收。是此项捐银，既不准请奖，又无从移奖，名虽减四钱，暗实亏八钱。是茶捐已停奖例，复收捐银八钱并课厘，共收二两八分。不但与原定章程两歧，且与停捐部例相背，商人已吃暗亏不少，而况部议，又欲改厘为课，加至七两八钱之多，则商人之吃亏永无了期矣。

皖章与楚、浙茶章迥异也。查楚、浙茶，当军兴定章时，每引计捐厘有二两成

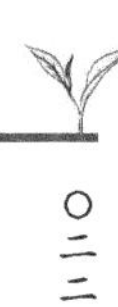

数。迨军务一靖，即先递减。现在完银数目，两湖茶每引完银一两二钱五分，浙茶每引完银一两，何以皖茶仍完银二两八分，畸重畸轻，若此之甚。况楚、浙茶均系土产，其采办同属洋庄，其销路同属上海，其价目同属时值，而完银数，浙、楚茶每引较皖南茶少八九钱，皖南茶每引较楚、浙茶多完八九钱。天下一家，何若是偏枯乎？今又议加课，则皖南之商苦上加苦矣。

以上各情，均系择要据实直陈，商等并未敢丝毫虚捏。其艰苦情状，尚有非楮墨所能上达者。宪局近移在屯溪，为茶庄聚汇之处，茶业艰苦，早在洞鉴之中，非同昔时局在大通，远难遍察。今日者商等目击时艰，岂不思竭力报效，无如所办。皖南茶均销外洋，连年洋价亏蚀过甚，不但无利且难保本，糊口尚自不给，安能报效。近闻部议，不特收数加重，且改厘为课，永为定额，与前爵阁督部堂曾定章尚分别引捐厘办法大相悬殊。皖南商民人心惶惶，实有不聊生之势。

为此，合词环叩崇阶，伏乞局宪大人俯察商艰，轸念民瘼详情，制军恩宪大人逾格体恤，将实情奏咨，颟愬于君父之前免予加课，戴德无既，民生幸甚，商贩幸甚，迫切上禀各等情，据此当批。现值海防多事之时，饷需支绌之际，所称连年运茶亏折，虽属实在情形，然该商等深明大义，食毛践土，具有天良，自应共体时艰，勉力输将，思图报效。虽不能照部议办理，亦应酌加捐项，稍补海防饷需。候参酌新旧各章，拟议据情，转详爵督部堂请示，饬遵可也。牌示外职道详查旧案，体察舆情，参酌定章，觉今昔之情形，时既不同，西北与东南，地又各别，行销内地与行销外洋，势复悬殊。部议改厘为课办法，实有难以强之使行者，谨为我宪台陈之。

伏查刊单内载，或照甘肃茶封之例，每茶五斤征银三钱，就园户征收增课甚多，而洋人无所借口等语。查产茶之处有不同，行销之地有区别。此条以皖南一百二十斤为一引计之，则每引收税银七两二钱，加以出口洋税，合计每引厘税即须十两二钱。皖南茶税，同治元年奉曾文正公奏定章程，每百二十斤为一引。按照原任都宪张向定茶章复加参酌，每引分抽引银三钱三分，厘银九钱五分，捐银八钱，三项共抽银二两八分，内捐项银八钱，准给奖叙，均就地一总完纳。

查甘肃茶行销内地，即使课重，茶商售价亦可高抬。皖南茶悉销外洋，从前畅销之际，沪价每引可得银五六十两，或三四十两不等，随运随售，商人获利尚厚。是以同治二年，金陵饷绌，曾文正公续于捐项内加捐四钱，共银二两四钱八分，内拨出一两二钱捐项，准其请奖。该商等亦乐输将，初无难色。盖其时茶价高昂，既有微利之可沾，又得褒荣于分外，虽属捐项有加，于饷有济，于商仍无伤也。

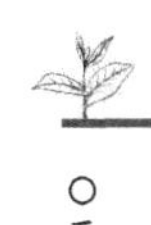

近年富庶无多，茶多蚀本，计每引卖价，多则二十余两，少只十余两不等。加以商人贩茶，资本不尽出于己，贷于洋商者十居七八，自备资本者十仅二三。洋人近来买茶挑剔过甚，或明知其借本谋利，货难久延，茶一到沪，或言不精，或言难售，故意折磨，总为多减价值。皖南茶销路仅一上海，若云不售，已到地头，若即轻售，未免侵蚀本。倘茶经搁日久，未审得价若何，更多霉烂之忧。明知价贱本亏，势难不售，种种受制于洋人。是以十商九困，大都裹足不前。

今部议谓征课，加诸商贩、园户，与洋商无涉，殊不知课虽出于华人，价实定于洋商。彼方故意勒措，岂肯骤加重价？此为皖茶独销外洋，昔尚宽裕，今甚艰窘之实在情形。与甘肃等处茶行销内地者迥乎不同，则西北办法难以行之东南也。刊单又载，或照宁夏延榆绥等处茶引，每道征银三两九钱之例，于产茶处所设局验茶，发给部颁茶照，每照百斤共征银三两九钱，经过内地关卡另纳厘税，验照盖戳放行，不准重复影射等因。查皖南茶章，向于出茶处所设局验茶收税，遵行已久。茶商每引就地总完落地税银二两八分，出境抵九江关完常税银二钱六厘，至九江新关每百斤先代完江海关出口洋税银二两五钱，合共完银五两四钱有奇。较之宁夏等处之税，已多完税银一两五钱有奇矣。至经过浙省各关卡，仍须照纳捐厘。今部议只计出口洋税二两五钱，而于皖南落地税、九江关常税及经由浙省一路，复有厘税等项均未计及，无怪乎其谓税则稍轻，不及英国十分之一也。

溯查曾文正公于同治元年定立皖南茶章时，即因商贩运茶赴沪，既经各关照纳税项，又复逐卡散收厘金。该商贩成本过重，获利即艰，而狡黠之商，势必多方影射偷漏，转令厘税因之减色于饷需殊有关系，故设改散成总之制，以定引捐厘费之章。除关税另完外，余均就地一总征收，于以便商贩，广招徕，杜偷漏，裕饷源，胥寓乎中，具有深意也。

是年六月，复奉咸丰十一年十一月部咨议抽各省茶落地税一款。部议大箱茶六十七斤征税银一两四钱，二五箱茶二十五斤征银七钱。所定科则，以皖南一百二十斤为一引计之，约每引收银二两九钱有奇。经前办职局皖南姚署道体备禀奉曾文正公批，新章引捐厘费四项，已抽至二两八分，即与落地税相似。此外，不能再加落地税也。等因。遵奉在案，盖因皖南茶税屡加，其本已重，更不便遽增商本，使众商畏葸退缩，且恭阅曾文正公同治二年奏定江西落地税章程时，即谓部议落地税科则稍重，斟酌核减定议。彼时各省糜烂军务方殷，需饷甚急，尚未能按照部议。是以于皖南定章议捐，议加之初，已存恤商经久之意。即同治二年，续加捐银四钱。至光绪五、七两年，因商情困乏，随即先后奏减，迄今仍照旧章二两八分办理，商

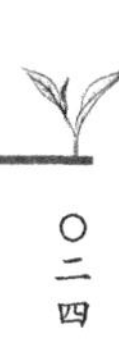

力已费支持。况频年皖茶沪市滞销，商多折阅，议者多谓中国茶叶为外洋所必需，加课而不加税，洋商无所借口。此议如果在从前，印度、日本产茶无多，外洋惟华茶是赖之时，则虽议加征，商贩犹冀取偿于价值之内，斯议尚属可行。目今印度产红茶，日本产绿茶，均多于中国，华茶销数日绌，茶业日见萧条，价值毫无把握。此洋茶日盛，而华茶日衰，内销与外销之势，实难强之使同也。

刊单又载，或于产茶所验茶，发给部颁茶照，既完课三两九钱，再倍收银三两九钱，前后共收银七两八钱，将向之一切杂费，均予豁除。惟各海关及边卡，凡应纳洋税处，仍照向章完纳等语。此条以皖南茶一百二十斤为一引计之，课税二项，约每引抽收银十二两三钱六分之多，更属难行。

查道光以前，皖南茶均请部引，每引定额征收课银三钱三分。咸丰初年，部引阻隔，经原任都宪张定章加捐项银六钱。按每引共收银九钱三分，其六钱准其请奖。现收落地税二两八分，系引捐厘三项合并总收之数，内有八钱系从前准奖之款。厥后奖例久停，捐款仍收，此项捐款八钱，并计二两八分之内，久已视同课厘矣。

同治初年，曾文正公定章之始，其于引银三钱三分并未改增者，实为存课额之旧制，盖课为永远之定额，未可轻议加增。目今外洋产茶日盛，设数年后，皖茶销路日滞，商贩歇业，改图引课，既致虚悬，彼时必费周章，故张都宪、曾文正公只加捐加厘而不议加课者，实思之深而虑之远也。

同治四年，前爵阁都宪李，因洋人来皖南购茶，欲以洋单免茶务引捐厘。是以遵照咸丰十一年部议落地税办法，并仿照江西茶税奏案章程，改引捐厘费之名为落地税，名目仍照原定章程数目征收，迄今二十余年，未之有改。虽无征课之名，已收纳课之实。

查道光年间，皖南茶引岁销五六万道。自同治年间，洋庄茶盛行，岁始销引十万余道，然未可据为经久之数。盖加厘助饷，朝廷不得已之举。一俟江海撤防，恐商力困乏，不能不照旧课额变通征收。且皖南现在茶市与宁夏延榆绥等处情形各别，外路商人去来无常，本地土庄合股者多亦聚散不定。

今新章责领部照，若先期请领，则资本未集；如临时请领，又赶办不及，势将无所适从。现拟改厘为课，似多窒碍，难行之处至倍，收税银共七两八钱之议，在他处茶缴此税项行销十八省，均免重复纳税，想亦便商之举。若皖南茶叶专售外洋，其价值由洋人批定，不能任意高抬，且经行之处，又不过两三省，与行销内地之茶，运行各路之贩情形迥别，实难遵仿此例。况茶叶非洋药可比，洋药来自外洋，进口之税宜于加重者，乃以彼无用之物，易我有用之财，自宜加重入口税，以

杜漏卮。若茶则以中国货物博外洋银钱，正宜轻其出口税，以广招徕而收利源。即如刊单载，英国道光年间税华茶至五十两之多。使果有是事，亦以华茶为彼入口税，所以如此之重。盖恐彼国银钱流入中国，是入口税宜重，出口税宜轻，可为明证。

若中国此时加课，则本重商亏，出口之茶日少，而外洋之银钱莫收，中华之民生日蹙，茶课必不能保。将中国茶利一旦尽为外洋所夺，彼族不将暗笑我倒行逆施乎？是又于中外利权出入大局，所宜权衡损益也。总之，恤商为裕课之本，但使该商等不视茶业为畏途，便商正以裕饷。皖南茶税自停奖后，现每引总收银二两零八分，虽存引捐厘之名，已收落地税之实。且定章之始，早已改散成总，迄今日久，商民相安，即与课无异，亦与部议大意隐协，不过科则较此次部议略轻。然较之咸丰十一年十一月部议落地税办法，则亦所差无几。刻下揆度时势，审察实情，觉众商所禀艰苦情形，殊非捏饰，即照旧章办理，尚虞竭蹶。若再改章议加，匪惟政令纷歧，商民观听滋惑，诚恐歇业别图者多。茶税因以日少，则加如未加，况皖南茶税为长江水师军饷指定之款，涓滴皆三军命脉。

近闻部议加课如此其重，人心惶惶，茶商不免观望徘徊，恐于筹饷毫无裨益，而税厘或因之转绌，似于部中拟收之款无补丝毫，而外省已成之局，适多窒碍。当此海防多事，国计殊艰，不得不审慎筹画，非特此也，皖南田少山多，民以茶为生，商以茶为业，一旦课重难支，商民生路俱绝，岂第税课无出，即丁漕等项亦难征收，实于国计民生大有关系。现闻湖北茶厘已奏明照旧，只收一两二钱五分；江西落地茶税亦照旧章，义宁州等处茶收银一两四钱，河口茶收银一两二钱五分，均未照部章议增。浙江茶厘昔收二两，续减收一两四钱，再减收至一两。闻因此次部议，酌中抽收一两四钱，所加亦不过复递减四钱之数，并未能全复旧也。彼三省科则较皖南为轻，一则奏明丝毫不加，一则仅加四钱。若皖南则较之三省，科则稍重，且自军兴以来，元气久衰，茶税已迭次加增，虽经奏减，而所减无多。

目今商民困苦如此，似难再议加矣。职道思维再四，当此海防多事，饷需固不得不筹，而商艰尤不得不恤，只得参酌新旧章程，旁观邻省办法，于无可设法之中，姑拟一勉强试行之策，拟请以曾文正公所定每引征收银二两零八分之数，作为落地税定额。嗣后，非江海一律撤防、协饷一律停解，不准请减。另仿照同治二年金陵饷绌曾文正公续加之案，每引除完落地税银二两零八分之外，此次再议酌加收二钱，或至多加收四钱，作为海防经费。一俟海氛稍靖，然后体察商情，随时请减。如此办理，商人若照常运贩则以加二钱计之，每年亦可增收银二万余两，以加

四钱计之，每年即可增收四万余两。既有成案可援，商民或不至负重难支，想亦勉强可以遵行，而于政体亦似无伤，于军饷不无小补。

职道因奉钧札议，详察办用，敢不揣冒昧缕陈管见，应如何酌加，抑或俯顺商情，照旧章办理之处，皆出自宪恩裁酌。职道未敢擅议，是否有当，恭候训示只遵。为此备由具详，伏乞照详施行。须至详者。

光绪十一年三月二十六日详

两江爵督部堂曾批

据详皖南茶业今昔情形不同，外销与内销各别，茶商艰窘，碍难改厘为课加重征收各节，甚属详明，所称茶非洋药可比，以中国之货博外洋之利，正宜轻其出口之税，以广招徕，而收利源一节，尤属确论。且皖南现收茶厘，系指定为长江水师军饷之款，现在茶商受制洋人，照旧章办理，已虞竭蹶。若再勉强加增，各商既不能高抬价值，成本愈重，亏折愈多，无以资生，纷纷歇业，势所必至。斯时不特不能裕饷，且转失一指定之饷项，殊与开源之意相背。仰候切实奏覆，仍照旧章办理，另行札知缴。

太子少保头品顶戴兵部尚书两江总督一等威毅伯臣曾跪奏，为皖南茶商困苦，碍难改厘增课，吁恳天恩，仍照旧章完纳，恭折仰祈圣鉴事。

窃臣前准部咨，开源节流二十四条内开，一就出茶处所征收茶课，行令参酌定章覆奏办理等因。当经札饬去后。

兹据皖南茶厘总局江苏补用道吴邦祺详称，据茶商李详记等沥禀困苦情形，吁免加课。经该道详查旧案，体察舆情，实有难以强之使行者。如刊单内载，或照甘肃茶封之例，每茶五斤征银三钱，就园户征收增课甚多，而洋人无所借口各节。此条以皖南一百二十斤为一引计之，每引计收税银七两二钱，加以出口洋税，合计每引厘税即须十两二钱。

同治元年，前督臣曾国藩所定皖南茶税章程，系本原任左副都御史张芾所定。茶章复加参酌，每引合引、捐、厘费共收银二两八分，内捐项银八钱，准给奖叙，均就地一总完纳。

查甘肃茶行销内地，操纵维我，即使课重，茶商尚可高抬售价。皖南茶悉销外洋，从前沪价每引可得银五六十两、三四十两不等，商人获利尚厚。是以同治二年复经续加捐项四钱，共银二两四钱八分。其时茶价甚好，既沾利益，复获官阶，该商等尚无难色。近年引价骤跌，计多仅二十余两，少则十余两不等。加以商贩资本贷于洋商者多，洋人因其借本谋利，货难久延，辄多方挑剔，故意折磨，期入其彀。皖南茶销路仅一上海，业已到地，只得减价贱售。种种受制洋人，以致十商九困。今部议谓征课加诸园户，与洋商无涉。不知课虽出于华人，价实定于洋商，彼方故意勒掯，岂肯骤加重价？此为皖茶独销外洋，与甘肃等处茶行销内地者，办法不能相同也。

刊单又载，或照宁夏榆绥等处茶引每道征银三两九钱之例，于产茶处所设局验茶，发给部颁茶照，每照百斤共征银三两九钱，经过内地关卡另纳厘税，验照盖戳放行，不准重复影射各节。查皖南茶章，向于出茶处所设局验茶收税，茶商每引就地总完落地税银二两八分，出境抵九江关完常税银二钱六厘，至九江新关每百斤先代完江海关出口洋税银二两五钱，合共完银五两四钱有奇。较之宁夏等处之税，已多完一两五钱有奇。至经过浙省各关卡，仍须照纳捐厘。今部议只计出口洋税二两五钱，于他项均未计及，是以谓为不及英国所收茶税十分之一也。

从前定立茶章时，即因商贩运茶赴沪，既经各关征税，又复逐卡收厘，成本过重，获利维艰。恐狡黠之商从而影射偷漏，故本改散成总之道，定为引捐厘费章程，除关税另完外，余均就地一总征收，办法似已周密。旋复接咸丰十一年十一月部咨，议抽各省茶落地税。其议大箱茶六十七斤征银一两四钱；二五箱茶二十五斤征银七钱，以皖南一百二十斤为一引计之，约每引收银二两九钱有奇。曾国藩以新章引捐、厘费等项已抽至二两八分，即与落地税相似，未能再加，盖因皖南茶税屡加，其本已重也。而曾国藩同治二年奏定江西落地税章程时，即谓部议落地税科则稍重，斟酌核减定议。彼时军务方殷，需饷甚急，尚未能按照部议，即同治二年皖南续加之捐银四钱。至光绪五年、七年间，因商情困乏，复经前督臣沈葆桢、刘坤一先后奏减，迄今仍照旧章二两八分办理。商力已费支持，而频年沪市滞销，益非前数年可比。议者多谓中国茶叶为外洋所必需，加课而不加税，洋商无所借口。此议如在外洋茶无多之时，虽议加征，商贩犹冀取偿于售价之内。今则印度产红茶，日本产绿茶，其势日盛，遂致中国茶业日见萧条，价值毫无把握。此又洋茶日盛，华茶生业为其所夺，今昔情形之不同者也。

刊单又载，或于产茶处所验茶发给部颁茶照，既完课三两九钱，再倍收银三两九钱，前后共收银七两八钱，将向之一切杂费均予豁除，惟各海关及边卡凡应纳洋税处，仍照向章完纳各节。此条以皖南一百二十斤为一引计之，课税两项约每引须收银十二两三钱六分。查道光以前皖南茶均请部引，每引课银三钱三分。咸丰初年

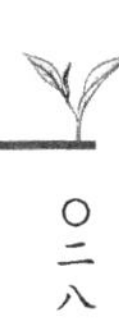

部引阻隔，经张芾议加捐项银六钱，计每引共收银九钱三分，其六钱准其请奖。现收落地税二两八分，系引、捐、厘费等项合并之数，内有八钱系从前奖款。厥后奖例久停，捐款仍收，久已视同课厘矣。曾国藩定章之始，其于引银三钱三分，即仍其旧者，实以课为永远之定额，未可轻议加增。目下外洋产茶日多，设数年后皖茶销路愈滞，引课虚悬，彼时必大费周章。故只加捐加厘而不议加课者，实早虑及此。

同治四年，前署督臣李鸿章因洋人欲以洋单来皖办茶，是以按照咸丰十一年部议落地税办法，并仿照江西茶税奏案章程，改引、捐、厘费等项为落地税，名目仍照原定章程数目征收。虽无征课之名，已收纳课之实。查道光年间，皖南茶引岁销仅五六万道。自同治年间洋庄茶盛行，岁始销引十万余道，然未可据为经久之数。盖加厘助饷，乃朝廷不得已之举。一俟江海撤防，饷力大纾，尚须照旧课额变通征收。且皖南现在茶市与宁夏延榆绥等处情形各别，外商去来无常，本地合股之土庄亦聚散不定。今新章责领部照，若先期请领，则资本未集；如临时请领，又赶办不及，势将无所适从。

至倍收税银共七两八钱之议，在他处茶商缴此税项，行销十八省，均免重复纳税，其势似尚可从。若皖南茶叶专售外洋，经行之处不过两三省，与行销内地之茶、运行各路之贩情形迥别，实难仿照办理。况茶叶非洋药可比，洋药来自外洋，进口之税宜于加重者，谓以彼无用之物易我有用之财也。若茶则以中国货物博外洋银钱，正宜轻其出口税，以广招徕而便商贩，即如刊单载，英国于道光年间税华茶至五十两之多，使果有是事，亦以华茶为彼入口税，所以如此之重，是即入口税宜重，出口税宜轻之明证。加课则本重商亏，出口之茶将日少。

窃虑中国茶利尽为外洋所夺，是又不可不权衡损益者也。查皖南茶税，现每引总收银二两八分，虽存引捐厘之名，已收落地税之实，与课无异，亦与部议大意隐协。不过科则较此次部议略轻，然较之咸丰十一年间部议落地税办法，则亦所差无几。近闻部议加课，商情已不免观望。皖南田少山多，民以茶为生，商以茶为业，一旦课重难支，商民生路俱困，岂第税课无出，即丁漕等项亦难征收，实于国计民生大有关系。现闻湖北茶厘已奏明照旧，只收一两二钱五分；江西落地茶税亦照旧章，义宁州等处茶收银一两四钱，河口茶收银一两二钱五分，均未能议增。皖南较之该省科则本重，军兴以后，业已迭次加增，两次奏减之数无多，商情不无觖望，似难再加。再四思维，饷需固属应筹，商艰尤宜代达，具详请示前来。

臣查该道所详商情艰窘各节，均属实在情形。而茶厘关系军饷，若勉强加增，

商力不支，势必纷纷歇业。斯时非但不能裕饷，转失一指定之饷项，殊无以副部臣开源之意。合无仰恳天恩，俯念皖南茶商情形困苦，仍照旧章按引完纳二两八分，作为落地税定额。非江海一律撤防、协饷一律停解，不准请减，庶于体恤商情之中仍不失力保饷源之意。

谨恭折具陈，伏乞皇太后、皇上圣鉴训示。谨奏。

吴敬思观察以壬午岁奉制府檄，来屯溪督办皖南茶厘局务。吉尝过后聆其言论，挹其丰采，私衷佩服，窃谓此当代经济才也。今春制府以部议增重茶税，改厘为课，特命观察核复一切。吉家世业茶，深知利弊，以为现在茶业已成弩末，商人疲累，若再加赋，是速其歇业也。非徒无益，而又害之，遂偕众商联名缕□，观察俯纳舆论爰考覆本末，指陈得失。上请于制府，准其照旧，并已专折具奏。观察之所以曲体商情者，可谓至详且尽矣。

徽地山多田少，十室九商，兵燹之后，仅赖茶业一线生机。虽比年以来，频见耗折，然莫不兢兢，以世守其业为重。今得观察此请，将使凡业此者庶几长守而勿坠也。仁人之言其利溥哉，而观察之为当代经济才，于此之略见一斑焉尔。

光绪十有一年岁次乙酉季夏月海阳汪昺吉谨跋

光绪十一年，法夷侵扰海疆防，军需饷孔亟，部议开源节流章程二十四条，内拟于茶叶捐项改厘为课，加重征收。当此国计维艰，凡践土食毛者，原应竭力输将，以济军饷。无如皖南之茶，俱销外洋，与他省行销内地者不同。盖以中华之货博外洋之利，其价之或低或昂定于洋人，众茶商不能自主。

皖南茶税前已迭次酌加，而价难略抬，又不能转售他处，种种受制于洋人，商力已觉难支。若再加征，势必因而歇业，不特无补于饷，且于捐定之数，又将短绌，是开源而反塞源也。

时粤东吴敬思观察督办皖南茶厘总局，各茶商纷纷具禀，沥诉艰苦。观察恻然忧之，爰考数十年之成案，费匝月余之苦心，体察国计民生，熟筹中外大局，备陈利弊，缕晰条分。据情转详制宪，蒙批准，切实奏复，仍照向章办理。仰见大宪爱民如子，洞悉得失，欣然嘉纳，以安众志。我皇太后、皇上轸念民艰，自无微不至，而观察之为国为民，其用心可共见矣。

徽属山多田少，赖茶营生者，十居八九。倘因税重歇业，则惟有散四方以谋食，幸而仰蒙体恤，俾此邦之民得安故业，人生具有天良，照旧应纳之税，孰不当

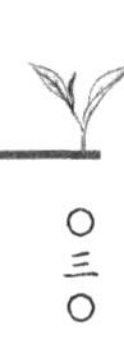

踊跃输纳，源源接济军需，以无负观察体国恤民之至意也。同人谨录详文，共督批奏稿，付之剞劂，以志勿谖，予因缀荛言，而为之跋。

时乙酉蒲月海阳荔轩李维勋谨跋

古人有言曰：“民为邦本，则民间疾苦诚宜深思而熟计之矣。”徽属之民，少田可耕，大都以茶为生业，他如焓茶、拣茶，一切工作不下亿万人，亦皆藉此以自食其力，则茶务之未可稍有窒碍也，明甚。军兴以后，每茶一引历加五两有奇，而茶价则极于无可减，民情不已，大可见欤。迩因法夷侵扰海疆，防饷孔亟，部议开源节流章程二十四条，内载茶叶捐项，改厘为课，加重征收。奉文之日，适新茶初出之时，向来商人争先采办，情惟恐后。盖茶以嫩为贵，久则香色不佳。今乃畏缩不前，茶出一月之久，竟无过而问焉者。时督办皖南茶厘总局吴敬思观察，睹此情形，恐一意加捐，商人力有不支，势必歇业，不特捐定之饷立见其绌，即于地方丁漕，正供小民，皆无所出，诚有碍难举行者。

爰据茶商所禀各节，切实转详督辕，已蒙嘉纳，仰候奏覆，仍照旧章办理。奉批之日，各商喜出望外，纷纷采办，所产之茶，不逾月而尽数售清。彼习一手一足之劳者，咸得各安其业，而捐定之饷，亦照旧踊跃输将，观察之有益于民生国计者，岂浅鲜哉！凡我徽属商民，实先隐受其赐矣。兹因同人刊刻详文，督批奏稿。爰缀数语，以志缘起云。

光绪十有一年岁在旃蒙作噩皋月既望 率溪翰庄程启渊谨跋

《皖南茶税请免改厘增课全案录》，光绪十一年刻本

一八八六

茶市述新

楚北于日内，晴雨得宜，红茶正可开摘。本届茶庄，除湖北之通山、湖南之安化，尚未接到确音，其余各庄口，较之往年，约多四五十庄。至江皖宁祁等处，比旧年实多一百二十五庄。今将各山头茶庄开列于左（下）：计两湖茶庄，崇阳十二……。江皖茶庄，宁州一百七十，武宁二十九，吉安二十，祁门、建德共约一百四十，河口约二十三，九江约三十。共计四百十二庄，比旧约多一百二十五庄。又闻今岁银根大松，取携甚易，惟钱价略高三四分。粗茶价值十余两者，比去年山价约高一两余。刻下开秤时，价又稍长，大约将来成本必贵。四月初，新茶当可到汉。若九江茶，本月底余可入市也。

《申报》1886年4月27日

九江茶市

九江各茶栈，业已开市，去年浔城内外，拣茶栈共三十三家，今年添出十余家，已符大衍之数。广东、宁波以及本行做茶工人络绎而来，大约九江一隅，共计有数千余人。邻县以及本处各妇女之麇聚拣茶者，总以数万计。想新茶上市在即，必有非常热闹。盖茶商近两年来，颇沾利益，今年必形踊跃也。

《申报》1886年4月28日

九江茶市

九江来信云，四月初一夜，宁州茶运到样箱五字……。查今年宁州茶庄共一百六十五家……河口茶庄二十四家，祁门茶庄共一百零二家，九江、吉安庄十八家，又土庄共十九家云。

《申报》1886年5月9日

浔茶续信

九江茶市，前已据电报及邮信录登，兹复得访事人来函云，四月初四日一点钟时开盘，怡和洋行买……仙香二五祁三百五十箱，价四十三两五；利源二五祁二百五十四箱，价四十二两；福隆二五祁二百四十箱，价四十一两。……协和洋行买……仙芽二五祁三百五十六箱，价四十四两；魁芽二五祁二百七十五箱，价三十九两。……天裕洋行买……茗芽二五祁二百五十六箱，价四十三两二钱五分；雨芽二五祁三百零一箱，价四十二两五。亟登于报，俾浮梁作贾者，有所据依焉。

《申报》1886年5月11日

汉江茶市

昨得汉口友人于本月初四日来函云……今年两湖、宁祁茶庄数多于往年……。又得初五日来电云，本日上午，北京轮船抵汉，附来宁祁茶样一百二十余字，各栈当日发样……嗣又接昨日汉口来电，谓已经开盘，计宁州茶每担价银二十八两至五十一两五钱，祁门茶每担四十两至四十四两。湖北茶每担二十二两至二十七两，湖南茶每担三十二两云。

《申报》1886年5月12日

汉口茶讯

本月初九日，汉皋访事人来信云，本埠茶市自初六日开盘以来，各行茶师均徘徊观望，不敢多买。昨系开盘之第二日，只沽九十余字……闻宁州、祁门等处最为亏耗，计初八日止……宁祁共来三百六十余字，额十五万箱有奇，沽出一百二十一字，计五万零六百七十余箱……十日止……宁祁等处共来五百余字，计二十万零一千箱，沽出二百九十七字，计十二万二千三百余箱，除销尚存汉栈七万九千箱之谱。查两湖头春茶，目前惟来三分之一；宁祁等处则已三分有二。崇阳茶近日已

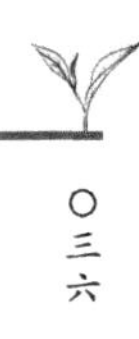

到，随即开盘，顶价二十五两。闻之局中人云，本年两湖茶虽曰吃亏，尚有数处可以勉强敷衍。若宁祁则每担须折耗五两至十余两不等，颇觉难于支持云。

《申报》1886年5月19日

汉口茶信

今年汉口头春茶，上市极为迅速，不过两礼拜而踊庄已过，以后来者便寥落如晨星。截至四月十八日计算，宁祁等处共来八百余字，额计二五工二十八万零六百余箱，沽出五百四十六字，额计二五工二十万零一千七百余箱，尚有续来者，约二三万箱光景。头春茶谅已扫数，所有二春茶，历年皆运赴申江沽售，不复至汉。……。此两处计算，宁祁存汉栈未沽茶，七万八千七百余箱……

《申报》1886年5月30日

茶客潜逃

本年宁祁、两湖等处茶客，莫不折阅多多。当其发轫之初，旁观者早知其不利，盖一则上年得意，本届断难步其后尘；二则钱价奇昂，转输不便；三则山价太贵，成本较巨，于常年有此三端，无怪乎苦萘生涯，□处动形棘手。□迩闻某茶栈某客，办得祁门茶一二字，待成箱后，核其成本，每担在洋银六十元以外，再加水脚等资，到汉江沽每担只值银二十余两，计算成本未及其半，客至此进退维谷，无奈黄夜脱逃，计亏负栈银约有三万余两，将来不知如何收场也。

《申报》1886年6月1日

茶师自尽

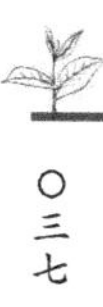

茶市将阑，外洋茶船留泊汉江者寥寥无几。闻今岁宁祁等处华商大有亏折，有潜逃者，有自尽者，约略已见前报，而西商则未闻有此等事也。……

《申报》1886年6月15日

汉上茗谈

汉口头春茶将收盘……若宁祁等处，则前礼拜内早经告竣，日内茶师已大半返申。犹忆去年此时，早有茶叶运赴申江，今则罕有所闻。惟每字抽提两箱寄申作为茶样，亦足见茶根之不充也。茶客之受亏者，难以枚举。宁祁、两湖亏耗，不下一百五十余万金，宁祁居其七，两湖居其三。……至茶客之因亏走避、自尽等事，几于书不胜书。近日交易寥寥，价亦无甚轩轾，好茶为数不多。自前月初六开盘以来……宁祁共来一千零二十八字，额计二五工三十二万一千余箱，沽出九百七十三字，额计二五工三十一万有奇。俄商茶行共只三家，似乎俄逊于英，然俄商大为踊跃，所办箱数直过英商之半。计五月初六日止，英商共办五十一万四千七百余箱，较旧年少四万三千九百余箱。俄商办二十九万七千余有奇箱，较旧年多七万六千九百余箱，是只就头春而论，已多于旧年二万七八千箱。二春茶，宁祁等处约本月十四五可到。……今年花香价大起，殊出意表，宁祁花香之带箱壳者，价银十两至十二两……

《申报》1886年6月16日

茶市述闻

汉皋近接外洋电信，知今年头春茶之运往外洋者，沽价较进本盈亏不一。惟照大势而论，今年中国所产茶，晴雨应时，采摘较早，茶质甚佳。而西商办运出洋，货高价廉，且先令票及水脚等均属便宜，较往年必更有利可获也。

又查汉口所到宁祁头春茶，既已扫数沽价竣……现在二春茶行情合算成本，中国茶商吃亏不小，何今年茶业之坏至不可收拾也。又查今年……宁祁茶，共来二五工二十九万六千七百七十箱，比去年多一万四千箱。英商共办五十八万五千三百箱，较去年少办二万六千有奇。俄商共办三十二万五千八百八十箱，比去年多九万一千六百五十箱。刻下运赴上海之茶止有三字，计二五工六百十一箱耳。

《申报》1886年6月30日

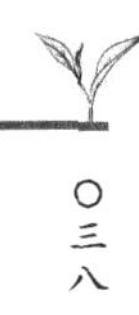

请免茶捐

八月十三日，湖南茶商求免汉镇堡防捐，连名具呈江汉关严宪禀稿，为贸同捐独，公恳援免事。从来取民，定制国法，自有明征称物，平施王道，原无偏党。窃茶务一宗，通商洋外，自军政甫兴，即筹厘裕饷。商等遵例，罔敢或违，然征税之条，固关大典，而助捐之举，原亦权宜。溯自咸丰十一年，议除完正税外，每大箱抽银二钱，照捐给衔，以示奖叙，各茶商均照例遵缴，究其竟实惠未蒙。同治二年，道宪钟倡修后湖城垣设堡工以筹经费于茶色中，每箱加抽银五分，原假邻省之捐协济，北省各茶商及八行，皆一例呈缴。五年城工完，七年方免其费。旋于光绪四年，荷蒙上谕，饬令捐概行豁免，各大宪示谕昭彰，诸商无不感戴。

讵五年，道宪何不仰体俯恤，藉饷捐而又变立堡防于南茶，每二五箱捐银七分外，加经费银一分，并各费共捐银八分八厘。而于宁州、祁门、河口等茶，毫无所取，即于就近之北茶，亦未与其捐。是同一贩运，同一完纳，同一销售，何至于南茶而独以堡防捐之。就堡防论，不过为本地斯民计，则堡防于北捐为宜，乃北茶每箱仅抽银三分以为堡工，而堡防独捐于险涉千里之南茶，较北茶反增两倍，是何捐北茶轻，而捐南茶转重？且以捐论，南茶与宁祁、河口各茶同出邻省，捐应均捐，免应均免，又何各茶免，而南茶独捐？种种殊情，实所未解。普天之下，均属子民怀保，惟无二心，法必归一，是查堡防设捐以来，计年已阅八载，计银为数甚巨，苦乐不均，积累匪浅。

值此安澜告庆，王事并非多艰，他于各省防军，尚行裁撤，况商等近贸南茶，年苦一年，价日减于他茶，而捐转多于各省，似此贸同捐独，不得不援各茶免捐之处，合无公恳宪台大人电情作主，赏准批示，援免堡防，以示体恤。而昭□允，实为公便。上禀钦加盐运使衔、署理汉黄德道、管理堡防局严，计开茶商义申和等禀，批前道议收堡防经费，原因汉镇地方水陆通衢，五方杂处，弹压稽查，均关紧要，用款浩繁，不能不借资商力。本署道检查卷宗册报，所有历年建筑，襄河石矶，添设炮巡各船，筹办保甲团防及联络文武梭巡水陆各事宜，在在需费办理。

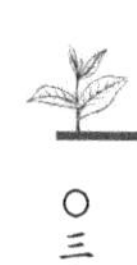

近年各省遣勇难民不下十余万人，深恐逗留滋事，资遣频仍。现在汉阳江岸工程繁要，不日兴修，又不能不酌垫经费。凡此若干用项，几费经营，无非为整饬地方，保卫商民起见。若一日经费无着，地方公事立形废弛，宦斯土者何以对吾商民乎？本署道体察情形，前项堡防经费势难停止，惟该商等所禀茶箱亏折，自是实情。且与北茶同一捐输尤未便，显分轩轾，准情酌理，应自光绪十三年起，所有南茶来汉，按照原捐堡防经费数目减半抽收，与北茶完纳堡工者一律办理，以示体恤，而昭平允。该商等急公好义，本署道素所深知，此项减收经费，为数甚微，自必踊跃输将，顾全大局也。除详明两院宪立案外，着即遵照此批，八月二十六日批。九月初三日又复呈，已恩再恩，渎全忌免一禀，尚未批示。

《申报》1886年10月14日

一八八七

外洋茶讯

英国委托茶行来信云：去岁一年之中，英国之货茶者大为折阅。查从前从未有折阅如此之甚者。缘印度产茶已有年所，英人皆喜购之。目下西伦地方亦能制茶，而其味终不及印度所产，是以英人更高视印度之茶。西历八、九、十三月中，印茶来路更多，价值顿贱。而中国茶，亦因之贬价，最受亏者为中国北边之茶，质虽极细，似较昔年之茶好看，而味则甚薄。如御敌然，印茶既大获胜仗，则中国茶自然败绩也。由此以观，今年茶市难以逆料。窃谓目今生意与从前大不相同，俄人之在汉口购茶者年盛一年，以致由英出口之茶，日见其少，所有在华英商不能大张旗鼓，惟宜稍购上品之茶，以备本国之用而已。考印茶，其味极浓，英人用之数年，渐渐喜浓而不喜淡，故中国惟宁州、旌德、福州诸处所产浓茶尚可购用，其余淡者，俱不惯服用。故自印度产茶后，不但中国上品之茶被其所阻，且更阻下等茶之销路。

去岁印茶之下等者源源而来，至即拍卖计，每磅值六便士半至八便士，盖英人皆以为印茶浓于华茶，故销路如是之易也。倘华人不再师印度之法，精益求精，恐将来中国茶市必为印人所坏。然华人苟留心于此，何尝不能几及印人，何以竟怠惰自安，不肯师印人之长技哉？刻下印度及西伦诸处之茶，装运来英者，日见其盛。华人若不急为整顿，势不免江河日下，伊于无底矣。大凡英国茶行有货即卖，不肯存放栈中。其英商之在华者购货，切须从廉，且亦不宜多购。庶几市面或可渐平。盖英人所用之茶，自有一定数目，而商人不知进退，购时多多益善，是以销路不通，渐致亏本也。

核计今年英国需茶二万二千五百万磅，而印度约来八千三百万磅，西伦一千七百万磅，柔佛五百万磅，中国只一万二千万磅。照此分派，中国湘潭茶，每磅可得价六便士，每担合银六两。湖北、湖南、安化等处三茶，每磅可得价六便士半至七便士，每担合银七两五钱至八两。湖南、湖北、安化、宁州二茶，每磅可得价七便士半至八便士，每担合银九两至十两五钱。宁州、祁门三等茶，每磅可得价八便士半至九便士，每担合银十一两五钱至十二两。安化、湖北头茶，每磅可得价九便士半至十便士半，每担合银十三两五钱至十六两。宁州、祁门茶，去年在中国，每担售银二十八两至三十五两。今年约得每磅十便士到十一便士半，每担合银十五两至十八两。上等桃源茶，每磅约一先令至一先令二便士，每担合银十九两至二十三两。上等宁州茶，去年在中国每担售银三十五两至五十两，今年每磅约可售一先令至一先令四便士，每担合银十

九两至二十八两。顶上之中国茶，约可售得一先令六便士至一先令九便士，每年销与英国者约有二千箱，其价每担合银三十二两至三十八两。合观以上各情，茶市之难，每况愈下，敢告各茶商，尚其留心选择，以免印人之夺我利权哉！

《申报》1887年4月12日

茶市纪闻

昨接汉口友人来信云：本年各帮茶客未能如去年之踊跃，实系钱价太高，银根太紧，且去岁每多亏本，是以此次格外小心。其带银入山者，较去年只及八成之谱，必须开秤日山价略低，方有起色。至目下所开各庄，视去岁所少无几……。若宁州、武宁、九江、祁门、浮梁、旌德、吉安、河口等庄口，去岁合计共四百十二家，今岁则只有三百二十家，未免相形见绌矣。

《申报》1887年4月19日

茶市初景

本年两湖茶庄，其多寡与旧岁相仿。计宁祁两处，较上年减去七十六庄。……

《申报》1887年4月26日

茶市电音

昨晚本馆接到汉口发来电音云：今到两湖茶十八万八千余箱，宁祁茶十一万七千余箱，已开盘十一字。宁茶价开四十两至四十七两，祁茶价三十二两至三十五两，羊楼峒茶价廿二两。好货殊少，价比旧年约打八九折，上牌货被俄商买去。又接九江来电云：十七日浔茶开盘，祁门三十五两至三十七两，宁州四十七两至四十八两云。

《申报》1887年5月10日

汉口茶讯

昨接汉口友人本月十七日所发信云：本日汉皋共到茶三百余字，诸茶栈家业将两湖、宁祁等茶，统照规矩，按字出样，送往各行家，听凭选择。奈各行家茶师，尚未齐到。查曩年西商到汉数天后，方见新茶，今年则茶先到，而客后至。闻九江土庄之茶，茶师只估价十八两，犹不愿买，盘价已比上年割去五六两光景。十六日，有宁州茶成本实需每担三十八两，素来老牌与相识茶师，先期品评。据茶师云，止在二十两左右。闻今年英商办茶，胸中如有成竹，都云不须赶忙，将待各山头茶尽到后，方评甲乙，而后开盘。茶商闻此消息，颇费踌躇。论茶色，今年天气，晴多于雨，茶叶采摘，堪以应时，无霉烂湿花等弊，纵或天降黄沙，叶片亦当□碍。现照大概而论，今年祁门茶尚可，两湖茶高低不一，惟宁州茶则受损。闻两湖茶开盘，当在二十日以内，汉市各钱庄进出款项，必须逢月底、月半收交，谓之“两比期”，不似沪地，有汇划可以通融。汉上规程，各收各票，平色互异。加以今年银底枯竭，十六日望节，比期收交者，直至夜阑鸡唱，方得舒齐。若□银利松动，必待茶银出市，可以周转，乃今见茶市如此光景，钱庄有与茶客进出者，颇耿耿于心。况汉上生意，以红茶为大宗，茶市若有□利关系，殊属不小。接本馆日前登有汉口电音，知宁祁、羊楼峒茶已经开盘，上等货已被俄商买去。今接汉口十七日之信，当在未发电报以前，阅者知之。

《申报》1887年5月13日

茶船覆溺

十六日，有茶船载高桥茶四百余箱，由湖北赴汉口，陡过暴风，全船覆没，幸离岸不远，人口均得救起。次日打捞，止得茶二十余箱。又闻，另有茶船一艘，载有云溪茶一字，计六百余箱，正驶至新堤上首，突遇旋水，甫一盘旋，船随倾覆，人口未得更生，当即雇人打捞，止捞获三十余箱，内计干茶十余箱，其余已失散无遗矣。风波□险，伊可畏哉！

《申报》1887年5月13日

红茶近信

汉市红茶于十七日开盘，沽出十一字，本馆曾得电音，早经录报。兹悉此十余字俱为上等老牌之茶，故俄商阜昌首先收买。十八日虽亦有交易，仍未踊跃，西商皆意存观望，真令人莫测高深……华商上年做宁祁茶核计亏累有一百数十万金；两湖则间有数处瓦全，然亦亏耗数十万。今届如此情形，恐折阅仍所不免。截至十八日，新到与前存之两湖茶共有一百六十五字，计二五工十三万三千余箱；宁祁茶三百九十五字，计二五工十六万一千余箱。查宁祁头春茶约到有一半，两湖则亦到四分之一矣。

《申报》1887年5月14日

浔茶续信

二十日，怡和洋行买怡兰二五祁三百二十二箱，价二十三两；天裕洋行买茗芽二五祁三百十箱，价三十一两；森宝芽二五宁三百十箱，价二十二两；仙英二五宁四百八十箱，价二十三两。二十日，江永轮船往汉口运茶二万零五百余箱。二十一日，上海轮船往汉口运茶一万二千余箱。按九江所到各山头帮，茶箱堆积如山，惜买客寥寥，行价滞钝。闻各栈主知难而退，均函知各庄戒办二帮茶箱云。

《申报》1887年5月18日

浔茶续信

九江来信云：二十一日，协和洋行买瑞宝二五宁四百五十六箱，价二十二两。二十二日，天裕洋行买正馨二五祁一百十四箱，价一十五两；协和洋行买奇香二五祁一百四十六箱，价一十七两。二十四日，天裕洋行买春香二五祁二百六十箱，价十八两；香芽二五祁一百二十五箱，价一十四两。又闻，二十二日，江裕轮船上水运汉茶三万二千余箱。二十三日，北京轮船上水运汉茶三万七千余箱。二十四日，元和轮船上水运汉茶四万余箱。核计九江所到各山庄茶箱，尚未畅销，尽行运往汉

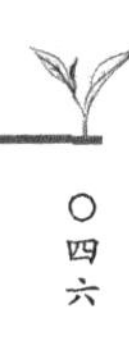

口。惟土庄各茶尚存六万余箱，而无茶师问价。浮梁贾客无不蹙损双眉也。

《申报》1887年5月21日

汉口茶市

汉皋茶市，于本月十七日开盘，至近数日来，已非复庐山旧面目矣。所有各茶来源，至二十四日止……宁祁茶共得七百十五字，计二五工二十六万三千余箱，沽出二百八十字，计二五工十万零一千四百余箱。照数乘除，其未沽者，约有三十七万余箱。查上年开盘八天，共沽宁祁、两湖茶三十八万余箱之多。今只沽二十二万余箱，竟短去十六万箱有奇。虽幸俄商踊跃购办，而英商则仍观之迟疑。闻某洋行买茶一字上栈已经多日，至二十四日，方欲过磅，该行茶师见行情渐小，割价之说碍难启齿，惟暗中将磅加大。过磅毕，核算每箱短去三斤数两事，闻于公所，乃邀同六□董事公议。今年各处山头来茶照此行情售出已受亏折，若再默受委曲，深恐别行仿效，为害无穷。……宪照会英国领事整顿常规，一面知照各茶商专足……以上情节，前已由电信传来，□略兹得访事人来信，爰再录之。

《申报》1887年5月22日

浔茶续信

上月二十八日，天裕洋行买茸芽二五祁一百九十三箱，价十八两；兰芽二五祁一百二十箱，价十六两。二十九日，协和洋行买岩芽二五宁一百九十九箱，价十七两五钱；天裕洋行买竺芳二五宁四百二十箱，价十七两二钱五；仙香二五吉一百七十箱，价十五两。三十日，协和洋行买奇馥二五宁七十五箱，价九两。天裕洋行买荣记二五河五百一十八箱，价十四两；福保二五土三百四十七箱，价十两零二钱五。闰四月初一日，协和洋行买兰香二五宁二百八十三箱，价十五两；联芳二五宁三十四箱，价十两。天裕洋行买蕙兰二五宁二百六十二箱，价十五两；联保二五宁二百九十二箱，价十五两。初二日，天裕洋行买仙芽二五宁三百二十九箱，价十六两。协和洋行买珍芽二五祁八百八十箱，价十两。初三日，天裕洋行买赛品二五吉

二百六十二箱，价十三两；仙品二五祁一百一十八箱，价四十两五；魁芽二五祁二百三十箱，价十四两五；美荣二五土三百箱，价十五两。初四日，天裕洋行买春魁二五河四百二十五箱，价二两；龙芽二五河一百四十箱，价十五两；瑞珍二五祁一百八十九箱，价十五两；冠魁二五河八百三十箱，价十二两。协和洋行买茗芽二五宁三百二十四箱，价十三两二钱五；兰芽二五宁一百八十七箱，价十二两；福芽二五宁一百十箱，价九两；紫标二五吉二百九十箱，价十三两。初五日，协和洋行买珍芽二五祁八十六箱，价十四两。

《申报》1887年6月3日

茶业佳音

中国茶业，近年以来颇见疲敝，印度西伦所产茶叶，外洋竞乐购办，每以此为中国茶商危。兹闻《西字报》云：有医生悉心验视，验得中国之茶，食之可无他害，而印度茶食者，每多致疾。由此观之，中国茶业，或可渐有转机。然尤望中国之业茶者，格外整顿，勿以伪物低货掺杂其中，庶几茶业隆隆日上也。

《申报》1887年6月8日

茶市丛话

汉皋茶市自前月十七日开盘，至本月十三日……至于宁祁茶，共来头春一千一百六十五字，计二五工三十六万七千余箱，沽出八百五十七字，计二五工二十九万箱有奇，尚存待售者七万余箱，约计续来者当亦无几。以上宁祁、两湖，大共沽出七十万箱有零。英商则买四十三万三千余箱，其中有俄附英行而收买者，并有运往美国者。俄商则收买二十六万七千余箱。目前英国各茶师仍然观望，大抵外洋茶市滞销亦属真情，但汉市待售之茶尚存二十八九万，不知何时方可销尽耳。其先销者已受累无穷，后售者当更不堪设想矣。往年赴申就售之茶，在前礼拜中已装运多字，今则始于十三日装江永船运申，计止七字，核二五工仅二千余箱，曩年茶价虽低，出售犹易。今则尚存许多高牌，实令人不可测度。汉口茶市之坏，当以今年为

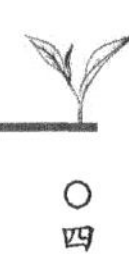

最，犹忆旧年业茶者，吃亏近二百万金，大半亏在宁祁。……总而言之，本年茶商折阅，当在三百万金左右。……呜呼！市情如此，尚何言哉！

以上系本馆访事人函述。又据西友来言：今年中国茶叶市面甚属不佳，当在汉口动身时尚存二十五万箱未经出售。而各山所产则格外增多，计汉口、九江二处较去年多出十万箱至十五万之谱。且银根亦甚紧迫，是以西商咸徘徊观望，所还之价，日跌一日。华商折阅不堪，以致自寻短见。闻汉口有二人自尽，九江亦有一人自尽云。西友又言：本年初，不料中国出茶如此之多，且印度西伦亦较去年增多二十五万箱。去岁西商之运茶至外洋者，每多折阅，因之今岁不敢多购。屈指月底，华商必将往来账目结算，到时恐不免尚有意外之虑也。

《申报》1887年6月10日

浔茶续信

九江茶市情形，叠登前报。兹又接该处来信云：初六日，协和洋行买万华二五土二百三十四箱，价十三两；茗芽二五宁二百十四箱，价十四两；蕙兰二五宁一百五十箱，价十五两。天裕洋行买兰芽二五宁七十六箱，价九两。元和轮船往汉运茶三千箱。初七日，协和洋行买万富二五土三百十一箱，价十一两二钱五。初八日，协和洋行买萳兰二五土三百六十四箱，价十二两；先春二五祁二百四十四箱，价十四两；芳茗二五宁二百十箱，价十二两五；冠福二五宁一百十六箱，价十二两二钱五；奇昌二五宁七十三箱，价九两。江孚轮船往汉运茶二千零箱，安庆轮船往汉运茶一千零箱。初九日，协和洋行买萃馨二五宁七十七箱，价十二两五；天裕洋行买仙芽二五宁一百四十四箱，价一十一两二钱五。华利轮船往汉运茶一千箱，福和轮船往汉运茶一千零箱。初十日，协和洋行买萳华二五宁二百四十六箱，价十二两二钱五；萳香二五宁一百四十箱，价十二两；福葆二五宁四十六箱，价九两。天裕洋行买天馨二五宁一百三十四箱，价十二两；饮香二五宁七十四箱，价十一两。十二日，协和洋行买茗芽一百三十箱，价十一两五。天裕洋行买天香二五祁一百五十四箱，价十三两；兰香二五宁一百五十九箱，价十两。上海轮船往汉运茶二千零箱。十三日，泰和轮船往汉运茶一千零箱。十四日，江裕轮船往汉运茶五百箱。十五日，北京轮船往汉运茶一千零箱。十六日，元和轮船往汉运茶一千零箱。十八日，

江孚轮船往汉运茶二千箱。

《申报》1887年6月14日

汉口茶市续闻

今年汉口茶市疲敝甚矣，迄今尚存两湖茶未售者十七万余箱，宁祁亦存四万箱之谱，约计续来者，只有数千箱待售之茶。近日幸有俄商收买，尚属踊跃。若能如是，则存茶于半月间，或可销通。至于二春子茶，月前公所议以停办，即殷实茶号，亦未闻有入山接办者，想头春茶，元气既伤，子茶即无，办客亦必寥落如晨星。至如山客产户，自办自运，数必甚少，更可知矣。上年，西帮办老茶，运俄售销，尚称□利。是以今年口庄增多，产户摘做老茶较便，于红茶工本亦较轻，多做老茶，理固然也。现闻宁州二春茶已经开秤，货物不多，价码一百十文，将来做成出山，合每担成本实需银十九两左右。观现存汉口之上牌头春，宁茶亦只价十七八两，将来该处子茶之受累，又可知也。据山户云，现开价码一百十文，亦甚吃亏，缘雇工采茶，除供给饭食外，又给工资八十文，每日只采青叶四斤，费许多工本，方做得红茶一斤一二两，尚待挑贩，获利能有几何？将来改种，则产或可糊口。又闻有一宁州茶庄客，住益记茶栈，办茶亦经有年。昔年运茶到汉，销售甚速，今岁茶市极滞，该客头字茶天馨眼四百箱，迟至日前始售与太平洋行，搭客茶师某西人，定议落簿已有一礼拜，至二十三日方得过磅。据该西人云：“茶不符样，每担须扣价三两。”该客云：“卖大帮茶未有不符样者，既称不符，可将茶退还，扣价不允也。”而该西人则不肯退茶，定要扣价，须罚银二百两，交到方可退茶。因此两下争论，共投英领事署，各诉前因。领事剖断甚公，谓该西人云：“茶不对样，尽可退还，如要罚银，本领事不能偏护。”该西人不服，定要罚银，让至百两，领事不理。该西人复向茶客云：“今年办茶已经受亏，若再兴讼，请外国讼师，其费颇大，还宜请有体面人调处为妙。”该客遂挽茶业公所调处。嗣闻，该公所恐将来效尤者众，茶市交易全形掣肘，公禀闻宪，请会同领事会审。确否？当待续闻。

《申报》1887年6月20日

茶号倒塌

近年汉口各茶商，每多折阅，去岁业茶庄号已觉吃亏。然百家中犹有数家获利，至今岁而益觉不堪闻问矣。上月茶甫上市，旬日间已叠倒三家，一系湘帮，两系武帮，约共亏负五万金左右，多系扯用庄款。甲乙丙三钱庄，素为巨擘，一闻倒塌，莫不徒唤奈何。刻下既倒者，如气之已绝，未倒者亦如病入膏肓。往年划兑银票，随茶至汉，指日可以兑银。今年不惟茶银遥遥无期，几至望穿秋水，抑且数相悬殊，一误而按用之款尽误，江河日下诚可慨哉！

《申报》1887年6月22日

扁舟遇盗

某茶客祁门人也，今年贩茶至九江，寓谦慎安栈，亏本甚巨。上月某日，在九华门雇划船一艘回祁门，一肩行李中，有洋银三百元。是日开帆，行将近新港地方，驾舟者见茫茫烟水，断岸无人，遂起不良之念，收帆径泊芦洲边，厉声呼客云："尔若知机，当趁早上坡，将行李遗下，为我等瞰饭资，否则送尔朝海龙王。"客闻言，自知只身不能与敌，径自登岸，不顾而去，徒步回九江，仍至谦慎安栈，措办川资，始克成行。有劝其报官缉盗，客云："盗不易获，赃亦不宜追，毋累地方官，苟全性命回家，于愿足矣。"闻者咸服其达观雅量高出寻常万万。然长年三老中，竟以豪夺强劫为事，则江湖跋涉者不亦险哉。

《申报》1887年7月1日

茶市近情

汉皋红茶自四月望后开盘交易，截至五月初六日为止，共阅八礼拜之久。……再宁祁茶共来一千二百十六字，计二五工三十六万五千九百余箱，售去一千零五十七字，计二五工三十三万三千六百余箱。除各茶栈付申待售茶一万二千余箱，尚存

汉栈未沽之宁祁茶二万有奇箱。今年与旧年比较，两湖多六万余箱，续来者式微之。至宁祁亦多五万余箱，并查英商办运赴英及赴俄美两国者，共出口四十九万二千六百余箱，俄商办运回国者出口三十七万七千五百余箱。如此则英商比旧岁减办八万六千余箱，俄商则又比旧增办四万五千箱之谱。……

《申报》1887年7月2日

茶信翻译

公信洋行致书管理商会之和明洋行云，高鲁乃先生阁下敬启者：西人之在中国货茶者，其生意之坏，似乎尚未得知。请与商会各董商量，可否令各商人为之整顿。从前茶市俱视银价之高低，水脚之贵贱，以定生意之旺否。盖昔时普天下所用茶叶，惟赖中国出产。故出产过少，其价即可加昂。今则不然，鄙意我等西商当与植茶之人熟商整顿，俾已坏之生意重复兴旺。目下，我等茶商及中国栽种茶叶之人，均有一大危险。何也？尔来印度西伦之茶，年盛一年，即西人之喜用此项茶者，亦年多一年。据此以观，中国茶当必被其压下，我等自应竭力经营，使中国茶叶之利，勿尽为其所夺。

查英人之喜用印度西伦茶，惟起于数月前，从前未有所闻。去年西历十一月，印度等茶运至伦敦者，为数极多。中等红茶，每磅值七便士，上等红茶，每磅值九便士至九便士半，昔时从未售至如此之贱。此时英人未经尝惯此种茶味，故中国之茶尚未十分败坏。至今年西历二月，则中国茶坏极矣。去年二月中，中国之小种及红茶二者，售出九百六十九万磅。今年二月中，则只售七百二十三万磅。两相比较，今年少售二百四十六万磅。印度等茶，竟较去年多售一百八十万磅。去年三月中，中国茶售出九百六十三万磅，今年三月则只售八百四十万磅，计少售一百二十三万磅。印度等茶则多售一百六十万磅。去年四月中，中国茶售出七百九十万磅，今年不相上下。至印度等茶则亦多售一百六十万磅。去年五月，中国茶售出八百九十五万磅，今年则只售七百四十万磅，计少售一百五十五万磅，印度等茶则多售一百四十万磅。计四个月中，中国茶较之去年，共少售五百二十四万磅，印度等茶则共多售六百四十万磅。当中国红茶及小种出产甚多之时，尚短售如此。倘在昔年，则出产视此时尚少，而销路反形畅旺也。观英京来电，我等自能明白中国红茶跌价之故。阅看伦敦来信言，上礼拜有三号中国茶拍卖，其一号卖银四十两，一号卖银三十三两，一号卖银二十四两。至拍得后，重行售出，则每镑一概十一便士至十一便士二五。至印度等茶则价反涨一分五至三分之多。观此知印度等茶，运至英京颇为值价。本行特将以上情节告知商会，窃愿各出主见，将中国茶叶生涯悉心整顿，特恐有一难处，拟劝中国用机器制茶。目下，中国制茶皆用旧法，必俟天时晴朗，所制方佳，倘天时不□，则茶叶必坏。是以每年所出，各有不同，宜尽心教导，改用机器法制。本行意制茶之最要者，其为烘炒二事。当苏彝士河开通后，茶之运至外洋者，多有霉坏，西商诘之，华商则皆诿为在汉口交易之时，未经留神挑选。但本行观华商在汉口售茶时，必能略知西人嗜好，故制茶之时，烘炒只及一半功程，以期稍省工本，而西人尝之，亦以为适口，然其香味不浓，且藏放不能长久，数阅月后，即已霉坏矣。尝询之华商，曰：从前未有苏彝士河，华茶之至外洋者，必经好望角，此时炮制格外精良，必粒粒现红色，烘炒必历四炷香之时。今烘炒俱潦草，只历一炷半香之时而止。职是之故，生意渐渐败坏。我等西商当竭力匡扶，令其仍照旧时法制，不可乌焦如炭。俾西人复喜用中国茶，庶乎茶市渐有起色。

我意中国茶市之坏，实缘栽种茶叶人不知印度等处事情若何，是以不思幡然一变耳。拟于明年春初，茶叶未出之时，印成华字书，发往产茶各山，申明茶叶不佳之故，令设法使其渐佳。更购印度上等红茶一千箱，运入山中，给与种茶之户观看，使其自知不如，用心炮制。本行接葛陇北来信云：西伦所出之茶，其成本每磅需五便士，中国茶成本不能若是之轻，因税项重故也。然有一法焉，宜择茶树上极细之叶，制成极好之茶，以夺回印度等处利源。原中国茶叶，合普天下所产，无此佳妙，无奈不肯用心烘炒，以致茶市败坏已极，为可惜耳。西伦各地，每年新茶上市后，多有样茶留存至明年，发往各处作样。印度亦访知中国制茶砖之法，将下等茶制成砖样，发售与人。倘我等西商不论中国茶之佳与不佳，但有货来，即行买去。彼茶商见易于销售，不思整顿驯致年不如年。所以本行之意，拟合西人之为茶商者，同心协力，向上海、汉口二处茶叶公所，劝其将茶务极意挽回，兼可请各口领事官，共筹良法，告知栽种茶叶之人。假如阁下以为整顿此事，需费若干，当捐自众商，则本行亦愿慨然捐助也。光绪十三年五月十六日启。

《申报》1887年7月10日

九江茶市余闻

九江各茶商，自去年亏耗茶本后，有戒心者，均改弦易辙，不复往浮梁作客。惟有硕腹贾十余家，别有肺肠，以为不怕负钱，只怕断赌。今年更东借西挪，醵巨资为孤注，以冀失之东隅，收之桑榆。不料今年茶市一蹶不振，凡九江一隅打算，闻亏至六十余万两，且浮城内外各钱号，被茶商拖累者，闻有数家，左支右绌，外强中干，无不同声叫苦。惟招商局码头、豫康钱庄主与各司事，审势知机，量入为出，不敢多放茶账，得免亏累。此诚浔市各钱业中之佼佼者矣。

《申报》1887年8月14日

华茶公所节略

谨将茶业近年情形，开具节略……溯查中国出口茶税，从前系照广东海关每百斤计完税银二两五钱。彼时茶价尚好，每百斤可售银五十余两，是与值百抽五之例相符。至今茶价日贱，每百斤售三十余两者十居二三，售十余两至八九两者十居七八。而税银一律仍旧，是不啻抽税四分之一，又加厘捐及各项捐款甚巨。窃思商等采办百斤之茶，除山价外，须用铅铁、箱罐、柴炭、工食及拣炒、折耗、装运等费，每百斤需银四两余钱。加以捐税两项，以致成本愈大，亏耗愈多，遂皆视为畏途。恐数年之后，无人承办，而中国税饷，势必因之大减。……计开各省茶业税捐等项，安徽厘金每引一百二十斤，捐库平银二两零八分，姑塘每一百斤捐库平银四钱，关税每一百斤捐库平银二两五钱，书院捐一百斤捐库平银四分。……

《申报》1887年11月26日

一八八八

茶客轻生

英界观音阁码头江荣茂茶栈内，安徽茶客汪某于客，腊初十日自宁波贩茶至沪，共值五六千两之谱。其茶即由荣茂经手，售与元芳洋行。元芳因无可存积，暂寄太古栈。十三晚突被火灾，其茶尽被吴回氏收去，而汪已支荣茂银五千余两。栈主江某向汪之亲串韩某关说，此系天灾，栈内不能全认，惟与汪交易已二十余年，谅汪吃亏不起。衡情酌理，栈内愿认七八成，汪须认赔二三成，现在无银可归，但写一票据可也。汪不允，忽于前日潜吞阿芙蓉膏毙命荣茂栈内，江乃偕廿五保三图地保报县求验。裴邑尊□，俟汪子到来，再行禀请核办。

《申报》1888年2月27日

茶厘酌减税捐片

光绪十四年三月二十一日

再，皖南茶厘，军兴时需饷孔急，所定税捐为数本重，嗣经迭次奏请减免，茶商尚形竭蹶。近年以来，印度、日本产茶日旺，售价较轻，西商皆争购洋茶，以致华商连年折阅，遐迩周知。据皖南茶厘总局具详，光绪十一、十二两年亏本自三四成至五六成不等，已难支持；十三年亏折尤甚，统计亏银将及百万两。不独商贩受累，即皖南山户、园户亦因之交困。迭据皖商赴局环叩禀称转详酌减税捐，虽经喻以大义，劝令共体时艰，勉力输将。无如商力疲困，负累难堪。向来茶业各号均于清明节前开设，本年新茶上市，各号迄未定夺，营运俱穷，空乏莫补。目今茶业艰窘，实更甚于昔年。皖南茶章，每引奏定收银二两八分，内有捐银八钱，拟请援照成案暂行减免二钱，每引征银一两八钱八分，借以稍轻成本，俾触其鼓舞之心，或可收招徕之效。沥情恳请具奏前来。

臣查皖南茶厘为长江水师饷源所系，本难轻议减完。惟据各茶商禀经总局剀切具详，以皖茶被洋茶壅塞，商力难支。新茶业已上市，各号迄未定夺，设竟纷纷歇业，必致饷源立涸。与其商散而税无可收，何如减捐而饷仍可保。据请每引暂减二钱，以轻成本，自系为顾全商业起见。现在茶市已临，迫不及待，除批令先行通饬

遵办外，理合附片陈明，伏乞圣鉴，敕部查照。谨奏。

（清）曾国荃：《曾忠襄公奏议》卷二十九，《近代中国史料丛刊》，第44辑第436册，文海出版社1966年版，第2882—2885页

茶市初志

汉口来信云，去岁此时各茶庄正在入山购茶，所备资本有多至五十万者，至少亦十余万两，各钱庄由沪汇汉，络绎如梭。今年茶市，钱庄交易寥寥。闻之茶客云：广帮之购茶者，前年计四十八家，去年少去五六家，目下只十八九家，屈指后来者，亦不过数家，盖较上年大减矣。江浙鄂湘等帮，只得六折之数。山头殷户，名曰土庄，旧岁受亏颇重，甚至有倾家荡产者，想今年土庄断不能多矣。老茶去年尚得利，今当另有增添。两湖各茶庄现在虽难查悉，然高桥、湘潭、云溪三处进山者，甚属稀少。汉上茶栈，今年同春荣、春茂两家早经闭歇，人和祥尚未定局。据浔江来信云，上年此刻运银至宁州，多至七八十万。今只谦慎安、隆泰昌两家，运去六万数千云。

《申报》1888年3月30日

茶市近闻

两湖、宁祁等处茶市，前已登报。兹又得汉口友人续信言，两湖去年有三百余庄，今年则只有一百八十一庄，仅得六折之数。宁祁去年有三百六十庄，今年则只有二百六十庄，仅得七折有零。至于土庄，则祁门一处由芜湖进山者，今较往时增添十家，殊出意料之外。……

《申报》1888年4月25日

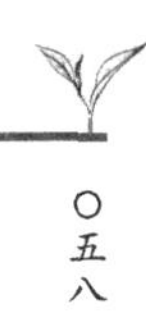

新茶上市

节交立夏，武宁、祁门等处新茶，已纷纷运至九江上栈，连日各栈皆雇女工开

拣。龙团、雀舌一经麻姑仙爪，尤觉香味绝佳。闻各山庄客少货多，收价甚贱，想浮梁贾客生意大有可观也。

《申报》1888年5月10日

茶市电音

昨接友人自汉口发来电报云：宁祁茶今已开盘十余字，价四十两至五十两。祁门茶开数字，价三十九两至四十一两，约沽四千余箱，茶好价高，两湖茶尚未开盘也。

《申报》1888年5月13日

浔茶开盘

三月二十九日，九江协和洋行买进祁门茶三字，计二五工共百余箱，价四十两、四十一两、四十两零五钱。三十日，协和、太古、天裕等洋行买进祁门茶二字，计二五工共二百余箱，价三十九两至三十七两。四月初一日，祁门茶二百余箱，协和等洋行估价三十四两，茶客不卖，随附上海轮船运汉。今年各山客少，货亦不多，所以九江开盘无大庄头，每日出货不过百余箱至二百箱云。

《申报》1888年5月15日

汉皋茗话

四月初一日，宁祁茶开盘已据电音登报。嗣查行情簿只报八字……祁阜昌奇馨二五工一千零九十九箱，六十两……宁祁盘比旧岁高五两至八两，如能照此行情销售，则茶客稍有利息，所惜天时多雨，上等茶出数不多。闻先令汇票比旧岁相宜，现做四先令四便士二五，外洋载茶轮船，只有协和行之婺源到埠，余尚未到也。

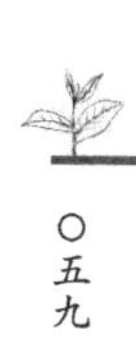

《申报》1888年5月16日

浔茶续信

三月二十九日九江茶市开盘，协和洋行买仙芽二五祁二百三十箱，价四十一两；春芽二五祁二百十六箱，价三十七两二钱五分；蕙香二五宁三百零五箱，价三十五两五钱；龙芽二五宁三百四十箱，价三十两零五钱；茗芽二五祁二百二十箱，价三十九两五钱；福隆二五祁二百一十九箱，价三十八两。怡和洋行买元元二五宁六百零二箱，价四十二两；龙芽二五宁四百一十箱，价三十七两；蕙香二五宁三百五十箱，价三十七两；赛兰二五宁三百十八箱，价三十二两五；公馨二五祁二百五十二箱，价四十一两；仙香二五祁二百十箱，价四十两；瑞芽二五祁二百三十四箱，价四十两。天裕洋行买仙芝二五祁二百一十箱，价三十八两二钱五分；仙芽二五祁一百五十六箱，价四十两；蕙香二五宁四百六十箱，价三十二两。三十日，协和洋行买奇馨二五宁四百三十六箱，价四十二两五钱。天裕洋行买蕙香二五土四百六十箱，价二十八两五钱；奇香二五宁一百四十箱，价二十七两；兰馨二五宁二百十七箱，价三十三两五钱；春兰二五宁四百四十一箱，价二十九两；秀眉二五宁二百二十二箱，价三十一两；佳茗二五祁四百二十箱，价三十三两五钱；香芽二五祁一百九十二箱，价三十三两五钱；香魁二五祁二百六十三箱，价三十五两。怡和洋行买龙芽二五宁三百三十八箱，价三十一两。四月初一日，协和洋行买天香二五祁二百一十箱，价三十六两；雨芽二五祁三百十五箱，价三十七两。天裕洋行买魁芽二五祁三百六十箱，价三十三两五钱；荣馨二五祁一百七十八箱，价三十八两；春馨二五祁八十三箱，价三十三两；魁馨二五祁三百三十八箱，价四十二两；魁珍二五祁三百零一箱，价四十二两；蕙香二五祁二百十八箱，价三十七两。初二日，天裕洋行买蕙香二五宁二百十三箱，价二十九两；福兰二五宁二百七十三箱，价二十九两。怡和洋行买福兴二五宁二百十五箱，价二十五两。初一日，安庆轮船往汉运茶一千零十箱；初二日，福和轮船往汉运茶一千八百零箱；初四日，江裕轮船往汉运茶二万四千零箱。

《申报》1888年5月20日

茶市述新

汉口茶市自四月初一日开盘后，至十二日止，两湖共来三百零八字，计二五工二十一万九千余箱，沽出三百零五字，计二五工二十万六千余箱。宁祁共来五百三十四字，计二五工十七万二千余箱，沽出四百二十五字，计二五工十三万八千余箱。回忆去年此十二天内，未沽之茶尚存三十万有奇，今年则沽存不及七万箱。今年办茶之家极少，山头价码，因而渐跌。业茶者类皆获利，惟天多阴雨，山户采摘叶片时常霉坏，以致好茶愈觉不多。凡运来汉上求售者，俄商出价加人一等。

查该国商人办茶年盛一年，今年又增额加办。英商上年将茶运往国中者，亦待俄人贩买。从前俄商所办红茶寥寥无几，专做花香老茶，各砖隐戤。晋商宝聚公、大德玉等老牌，目今除阜昌、顺丰、德昌、久有之外，又增履泰、百昌、礼记、和昌、得和五家，是以英商办茶渐觉减少矣。现挂号簿者，头春之头字，前三日扫□沽尽，近日所登行情，均是二三字。刻下茶价平稳，不似上年开盘后步步见缩。其得利者，宁州称魁首，祁门次之，两湖以桃源为第一，杨芳林、高桥亦佳，其余均可，但通山一处未沾利益。外洋载茶轮船，去岁系怡和行双烟筒克令可而第一开放。今欲来汉揽载，因各茶师均不悦签字，故改往别埠经营。汉口头船系协和行之婺源，已于四月初九日晚间开放，次日怡和行之克连佳船议开。而是晚骤起狂风，江中雪浪如山，激坏木牌甚夥，以故不能装茶。至十一日，风已稍静，方满载长行水脚。今年头船初议四磅，二船三磅。嗣是太古蓝烟筒抵汉，怡和行水脚减价，太古行亦减至每墩一磅，后太古、怡和讲定二三船水脚一磅半，协和行之婺源船，先受半载水脚，亦减去二磅，今年水脚，可称便宜极矣。此刻，汉江尚泊运茶轮船七艘，英居其五，俄仅两艘而已。

《申报》1888年5月27日

茶市总谈

汉口红茶自四月初二日开盘至五月十六日，共来两湖茶七百三十六字，计二五工五十一万余箱，沽出四十七万八千余箱，运至申江者千余箱，存而未沽者不及三

万箱矣。上年两湖头春共来七十五万有奇，今短去二十四万箱有余。宁祁头春共来一千二百五十九号，计二五工二十七万八千余箱，共沽出二十五万五千余箱，运至申江者三千余箱，存栈未沽者一万余箱。上年共来三十五万余箱，今届短去八万余箱。今年运申之茶，比上年不及四分之一。外洋茶船共到十三艘，除一艘空回外，计已阅出十艘，英六俄四，现在尚泊俄船两艘，均已半载，不日将满载而返矣。今届头春茶，英商共办四十一万六千余箱，俄商共办三十一万七千余箱。……

《申报》1888年7月4日

茶业新章

茶业开市已登前报，兹见西报中登有新章三条，用特译录以供众览：一、华商以样示洋商，洋商阅过样子，茶叶运至洋商处，归洋商保险；二、洋商过磅之时，如看得货样不符，即将茶叶退还，在二十四点钟以内仍归洋商保险，二十四点钟以后则与洋商无干；三、茶叶交与洋商之后，洋商应出收条，注明箱数、字号，付与华商收执，如经退还，则以二十四点钟为限，将收条交还。

《申报》1888年8月5日

一八八九

茶务译登

新春时节，茶市将开，中国茶之运往外洋者，年复一年，日渐减色，盖因印度西伦所产，其味较胜于中国，是以生意多见夺于彼也。去年华商之业茶者颇能获利，推原其故，实因各处银盘不一，是以得有赢余。若今年银盘无甚参差，则茶市又将不振。……盖洋货之入中国者，以布匹、鸦片为大宗。此外，零星向难屈指以数，而中国出口货，惟此丝茶二者，两相比较，银钱尚易流出外洋。倘再于茶市而废弛日深，势必日渐萧条，市面将一蹶不振，而谓此事尚可听其败坏，不复振刷精神耶。因译而登之，以告凡为茶业者。

《申报》1889年2月27日

浔阳琐志

初十日后，阴雨不辍，寒气逼人。至十四日，大雨如注，雷电交作，风伯扬威，江中巨浪如山，街上行人多有被轻裘而戴风帽者，小本营生之辈无不望天叫苦也。

宁武、祁门各茶庄，踩造乌龙，向例三月初十后开秤。顷闻山内因天雨连绵，不能采摘，凡欲做乌龙者无不仰天浩叹，双锁愁眉，惟愿天公做美，早日晴霁，庶便赶做红茶也。

近日，上江妓女以茶市伊迩，纷纷来浔，以供硕腹贾之寻欢买笑。凡遇客人唤局，龟辈负之而行，藉以节省舆费，穿街过巷，行人如织，肩摩背擦，丑□难言。前晚五点钟许，有龟子肩负一妓，由湖边而来，韶颜稚齿，姿态嫣然，浪蝶游蜂，相随不舍，将近转角处一少年肆意轻薄，龟子惊呼得脱。娼寮本难禁绝，况通商码头乎？惟肩负既不雅观，又易滋事，不可不禁也。

《申报》1889年4月19日

山茶难买

九江各茶栈之茶，皆出自宁州、通山、祁门等处。凡属富商大贾，每于新茶上市之时，携带重资往各山庄定货。今年谷雨时节，晴少雨多，天气甚寒，各山之茶不能畅发嫩芽。目下天气晴和，正当开摘之时，上市出售者，无不居为奇货。毛茶每斤约一百四五十文，较去年昂贵加倍。据浮梁客云，今年头茶难望得利也。

《申报》1889年5月4日

汉口茶信

昨得汉口访事人来电云：宁祁茶昨已发样，今日开盘，俄商成交十字，包庄二字，计四千六百多箱，价三十七两至四十七两。英商未买。两湖茶到者寥寥，样亦未发。据评得茶比旧年好，价略高，茶商可保本也。

《申报》1889年5月11日

浔茶开盘

九江连日到祁门、宁州、通山等处红茶以及毛茶等，故发拣有甚夥。初八日四点钟时，天裕洋行开盘买祁门同兴一字，比即发电到申，已列前报。兹悉该洋行系买永泰源茶栈同兴二五祁共二百箱，价四十八两。据云今年山价昂贵，就四十八两核算，不过勉强敷衍，不知以后价目能有起色否。

《申报》1889年5月11日

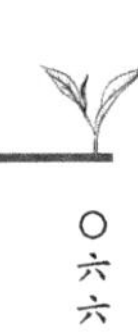

汉皋茶讯

本馆接到本月初九日汉口友人来信云：本日到有宁州茶一万三千余箱，祁门茶约五百箱，尚无人买。本年茶味颇淡，惟尚有香气，观其式样，未必甚佳，而其叶极粗，想因雨水太稀之故也。

《申报》1889年5月14日

详述汉江茶事

本年头春红茶开盘，本馆已据电音登报。兹又接访事人来信云：本月初六日，怡和洋行泰和轮船抵汉，各茶师有附之以到。初七日，招商局江裕轮船进口各行茶师均已到齐。比间，九江于月之初六日到有宁州茶数字。初七日开盘，得价四十七两。汉口于初八日，元和船进口带有宁祁两处茶样箱三十余字。是日，诸栈即拟出样，嗣以下午西人赛马，故暂停止。初十日，俄商先开盘，百昌行买去宁茶六字，阜昌、履泰、德昌各买一字，得和买包庄茶两字，额均不大，价开三十七两至四十七两。

查历届开盘交易不止此数，兹因安庆轮船失误班期，至今未到，故茶样花色较少，英商复嫌价高，犹存观望。据云，安庆装有宁祁茶样箱一百六十七字，殊使人望穿秋水，蹙损春山也。又闻，向来两湖茶采摘赶做，较宁祁稍迟。前月下旬至本月初旬，天又多雨，兼值峭寒，是以更形迟滞也。日内，汉河始到两湖茶三五字，货物过少，似难出样。至各山头情形，因天气太寒，兼多雨水，是以春茶出产，较往年为少。然本年出样早于前届二三天，开盘亦早于上届。此刻，诸茶师评品新茶片张，汁水味色均平平，而香气独胜。现开之价，虽每担只高出三五两，而宁祁山价已比上年高出八九两不等。往年斯时，运茶轮船已鱼贯而至，兹惟协和行之婺源一艘而已。忆去年茶轮揽载跌至每墩水脚银一磅，议先驶一艘抵汉以观动静，俟盈载，然后电知他船次第至汉。十一日午后，婺源船议定运茶水脚每墩银五磅，然诸行家犹未尽诺，说者谓其势将来终须四磅以外先令汇票。初九日，价四个二五；初十日四个三七五；十一日四个四五，较旧涨半便士，缘上海各银行银底不多故也。所有行情，开列于左（下）：百昌行，生芽二五宁二百六十箱，四十五两；兰馨二五宁五百二十三箱，四十两；又，二五宁一百六十三箱，四十两；清和二五宁四百另八箱，四十两；蕙香二五宁一百九十四箱，四十六两；兰馨二五宁四百另二箱，四十四两。阜昌行，金玉二五宁三百八十箱，四十二两。履泰行，奇馨二五宁三百

十四箱，三十七两；金玉二五宁四百五十四箱，四十六两。德昌行，奇英二五宁四百五十二箱，四十两。得和行，蕙香二五宁五百七十三箱下；又，二五宁四百九十箱下。

《申报》1889年5月14日

九江茶市

本年茶商以巨资往山庄办茶，较往年尤为踊跃，各栈亦添设栈伙。现在毛茶到浔城厢内外，及各邻县妇女来城拣茶者，人山人海，约以万计，无如山庄来源不旺，有收庄歇业者。据云，上月谷雨前后茶枝止畅，发嫩芽被霪雨凝滞，不能摘取，间有摘茶至家者大半霉烂，一至天气稍晴，嫩芽已成老叶，故山乡男妇藉苦莽为生活者，无不望天叫苦。

《申报》1889年5月14日

茶市续闻

汉市红茶于四月初十日经俄商开盘收办，至十四日止，此五日内英商收办不多，总计宁祁共到二百三十四字，核算二五工十一万七千余箱，售出一百九十字，计额六万余箱。两湖到八十三字，核算二五工五万余箱，售去十四字，计额七千有奇。据闻，宁祁头字茶已经来齐，续到者惟二字矣。……刻下行情，宁州茶三十六两至六十二两，祁门三十七两至四十九两，河口二十两至二十三两。此三处行情已高于上年三五六两。……宁祁山价甚昂，因多庄之故，每年开秤未几，即行倒码。今则不然，如现售出六十两者头字犹难赚钱，二字更甚。山头规矩，头二字进价仿佛，将来售二字价必短矣。今年两湖茶或可保本，宁祁吃亏者多，此说未知然否。沪汉钱庄放银约三百数十万，较上年为多，而茶栈专放山头，亦如数放出。今年宁祁、两湖茶高货短绌，各栈家甚为忧虑，即各庄恐亦难高枕，因所来之茶抵款大不及也。

《申报》1889年5月18日

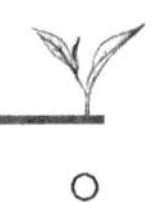

浔茶续信

初八日，天裕洋行开盘买进茶价已列前报。连日，各山庄运到茶箱约有数万件。该商等闻汉口茶价较浔市稍昂，因尽行附轮运汉。十三日，天裕洋行经复买瑞兰二五宁一百十一箱，价三十八两；云芽二五祁一百四十八箱，价二十六两二钱五。协和洋行买雨芽二五祁一百五十五箱，价三十四两五。

《申报》1889年5月18日

茶事刍言

中国茶业之坏，匪一朝一夕之故，其所由来者渐矣。今年茶已上市，而各处报道信息，以汉口为独详，而其所言则谓，今年汉地开盘，惟俄商争购，约计四分之三，英商则袖手不问，其购取者不过四分之一。是岂英商之办茶者，近年以来反不及俄商之盛乎？据云，今年之茶梢粗，惟香味独胜，或者俄商之争购者为此。然英商岂独不喜香者乎？又谓，现在宁州、祁门、河口三处之茶，其价已高于上年三五六两。长寿街茶，其价自三十一两至三十六两，而高庄茶则均被俄商购办殆尽，续来者不多，办者亦有限矣。两湖之羊楼峒、平江、聂家市、羊楼司，此四处茶价亦高出于上年三五两，而高桥茶则每担比去年高出七八两。大都就目下而论，英商之所以袖手者，嫌其价之高耳。然价虽较高，而俄商购之若弗及，岂英商反不若俄商之硕腹便便乎？凡此诸说，皆出于揣度之词。其实则俄国今年多添商家数户，各自争能，故英不争先购办，盖以前此俄商不多，往往有茶皆被英商收尽，俄人需茶反向英商转购，以至利归于英，而俄人出重价焉。以故今年添出商人数家，以自专其利权，然则汉友所云，若照现在行情稳住，虽不得利，尚称过得去。此言或不虚也，所虑者山价过昂，宁祁尤甚。闻因庄口增多之故，据称每年开秤未几，即行倒码。今年则不然，如现售出六十两者头字犹难赚钱，二字更无论矣。盖山头规矩，头二字进价仿佛，而售出则二字价必见短也。且沪汉各钱庄，闻今年放银约已有三百数十万，较上年为多，而茶栈之放于山头者亦然。刻下两湖、宁祁之茶，高货颇形短绌，栈家殊深忧虑，即各庄亦恐难高枕，因所来之茶抵款尚不足也。

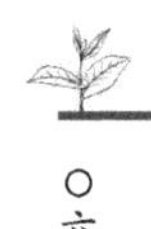

由前之说观之，似乎今年中国茶业有可获之利，由后之说观之，则似仍有可虑之患。此何故哉？窃以为此其中有天时也，有地利也，有人事也。何以言乎天时？今年之茶叶子颇粗，而香味独胜，此由于春寒雨多，不能及时早萌，其采之也亦迟，此其所以粗也。而采之既迟，叶已老而其味自较嫩茶为厚。去年茶业华人稍沾其利，今年栈家增出多处，满望茶业之大有转机，而偏遇此等天时，以至货短，而山价倍昂。此固由于气运使然，无可奈何者也。何言乎地利？如去年宁祁、两湖皆获利，而平水独无利可获，且有亏耗者。今年据汉友来信谓，两湖尚可保本，宁祁必至亏折。是则同一茶也，而各处不同，此非限于地者乎？然而天时之不齐，地利之偶失，皆不足虑，所虑者人事之未尽耳。九江来信谓，四月初间至今，天气寒冷，雨水连绵，山茶经雨，大半霉烂。茶无可摘，则山庄之价骤涨，浮梁客有银而无货，则有收庄歇业者。其人工水脚，房租花销，一切已不赀矣。此犹曰天为之也。

台湾来信谓，近来淡水茶规颇不整顿，常以茶末、茶枝掺杂。茶叶内售与西人，每因茶不对样，致多亏耗。厦门经手购茶之各洋行，乃集众会议，今年茶叶到厦，必须严加剔选。凡有以茶枝、茶末掺和其中者，虽其价极贱亦不收买。月之十一日，科么沙轮船载有广帮某号茶数百箱到厦，拆看茶样，内多茶末、茶枝掺和，西商概不收买，将茶退还。若此者则由于人谋之不臧，可以力图补救者也。而吾则以为中国茶业历年疲敝，至去年而稍有转机。据西报言，印度西伦出茶，年多一年，至去年而印度所出之数，直与中茶仿佛。中国之茶必无可获之利，其所以去年稍有生色者，以中国售诸英人，英商又售于俄国。中国则以银计，英国则以磅计，俄国则以罗卜计。此亦如先令票，辗转核计，略有涨跌，而会逢其适，偶有沾润耳，非茶业之果有转机也。然则中国之茶业，其果无生色之一日乎哉？各茶商谨慎小心，勿作诪张之幻，顾瞻大局，亦勿惑于人言，但持信义以行之。所谓尽人事以听天命，而国家又能助之。国家之所助者，不必其以帑金为补不足助不给之计也。但能顾念商情，减其厘税，虽不能如印度西伦之悉从免捐，苟能如日本之从乎其薄，不至如现在之价无定。而税有定，则商人固无不感恩，而茶务亦必有起色。此则言之已屡，而犹望其或能采听者耳。

《申报》1889年5月23日

再述茶市

汉口红茶自四月初十日开盘至二十六日，此半月内，查两湖共到五百五十八字，计二五工三十二万五千余箱，沽出三百二十三字，计二五工十九万三千余箱。宁祁共来一千零四十六字，共计二五工二十四万八千余箱，沽出六百八十五字，计二五工十七万三千余箱。按茶箱额，比旧增多五万余。往年茶客做三字后，方行出山，今年不然，诸客做两字即收场。现见近处茶庄来汉多家，虽有三字亦不多也。至于沽出之茶，较诸上年此时数减三万多箱，盖英商嫌价昂，不肯多办。此刻，俄商办茶亦似有不进之状，闻因前办太夥，暂须安顿，过磅换箱，非若英商原箱加捆即行也，故近日汉镇行情，有收缩三五两者不等。想今年俄商出价虽高，究竟所赚之口岸，惟高桥、羊楼峒、长寿街等处，若宁祁则均受折阅。两湖之桃源、安化两处恐受累甚巨，近日安化、桃源茶价，只开十五两五钱至二十二两，大都每担亏银七八两左右。醴陵、湘潭、崇阳、通山、咸宁等处，亏耗亦甚。看来今年茶市仍盈少绌多。若头春出产，据老手云，约减十万箱有奇。现汉江泊有运茶轮船八艘，英居五，俄居三。其盈载启行之头船，即协和之婺源，二船是太古行之阿佳士船，其行期与水脚，兹犹未定。

《申报》1889年5月30日

汉皋茶市

汉口红茶自四月初十日开盘以来，迄今已将三阅月。其中两湖头春共来一千一百三十五字，计五十六万三千余箱，售去九百七十六字，计四十八万二千余箱，运至申江出售者，计三万二千余箱，核算尚存四万九千余箱。宁祁头春共来一千五百零三字，计三十四万五千余箱，售出一千一百七十三字，计二十八万四千余箱，运至申江出售者，计一万三千余箱，核算尚存四万八千余箱。综计两湖、宁祁头春来数，较上年增至九万余箱，所售反短绌三万余箱。说者谓本届头春，因天时阴雨渐至，好茶出数不多，所旺者惟粗茶耳。俄商办茶专喜细且佳者，英商见俄人不用粗茶，故意贬价。……然二春尚不在内也。二春两湖共到二百六十八字，九万六千余

箱，售出一百五十六字，计五万九千余箱。宁祁共来一百七十二字，计四万六千余箱，售出一百零五字，计三万一千余箱。初时子茶开盘，约有十余字略沾微利，每担可赢银一二两，今亦因折阅受亏矣。目下此项茶尚存五万余箱。……祁、河两处子茶素不来汉，不在其内。……

《申报》1889年7月18日

茶业禀稿

其禀茶业董事姚锟、江干荣、蒋澄、叶树芳、唐敬脩、唐国泰、金銮、武维治、梁荣翰、俞轼，禀为遵谕议，覆叩求转详事。窃董等于上月十九日奉□宪谕，内开本年九月十六日，奉北洋通商大臣李札。九月初六日，准总理衙门咨开，查中国茶叶本胜于他国，为出口货之大宗，必须加意讲求，使货真味美，方能销售畅旺。已于上年八月间，咨行查照，饬令留意整顿在案。近接台湾巡抚咨称，据淡水关税务司申呈，各处茶叶多有掺和茶末、茶梗及假茶之弊。每担自十余斤不等，销路因而减色。推原其故，由于茶末、茶梗货贱税贵之故，请减轻其税，以畅销路等语。相应抄录原文，咨行贵大臣，转咨产茶省分各督抚，悉心斟酌。

该税司所拟办法，于茶务税项，是否两有裨益，详议咨复本衙门，以凭核办可也等因。到本阁爵大臣准此，除咨行外，札道查照，详酌妥议，具复等因，到道奉此。除函致新关税务司核议外，合就抄粘验饬，即便遵照会商，妥议具复等因。奉此，董等当即邀集会议，悉心推究。查上海、九江、汉口等处，所售洋庄茶叶，惟两湖、江西之红茶，皖之绿茶，浙之平水。其福州之茶，品色若何，泡制若何，市面若何，章程若何，因路途辽隔，各自经营，无从详悉。至于掺和之弊，十余年前，曾有不肖奸商，巧做掺杂。而浙江平水茶，亦有将茶末和米浆、糊丸，充珠茶发卖等弊。近年来，货多价贱，加以董等竭力整顿，早经除绝，或遇雨水过多而香味淡薄，或因炒制不精而品色未佳，容或有之。若论掺和梗末、假料等物，是洋商过于苛责，华商并无出此。盖茶叶经售时，先发样箱，百凭拣择，红绿粗细，看货还价。成交之后，该货全数发至洋栈，听其逐箱开视，察验过磅，又任凭在大堆中抽十数箱过磅。净茶如有低次，与样不符者，立时退换，或割价值。茶商经营贸易，何敢轻于尝试，自取耗折，是无从作伪弊混情理显然。且茶末有销售砖茶之用，洋行售簿分别名目，历历可查。茶梗内地颇有销场，无须混售，惟销路减色。

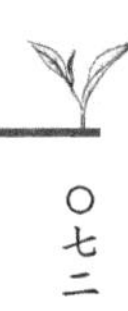

诚如该税务司所谓，税重于本，苟能酌量减轻，则销场自可畅旺，此系两湖、江西、安徽、浙江销售洋庄之情形也。

窃思茶业之日衰一日者，推原其故，自非无因。董等身历其地，深知此中实在情形，用敢就管见所及，敬拟六条，另缮清折，恭呈钧电。除董等随时整顿外，理合具复，叩求大人恩赐据情详请北洋通商大臣转咨总理衙门，核办施行，实为德便，感激上禀，计附呈清折一扣，谨拟整顿茶务条陈，恭呈钧电。

计开：

茶树宜亟培植也。中国之茶种在山面居多，山土坚寒，难于生发。外国茶树种在平场地，土松热，容易暴发，叶片较嫩，惟气汁甚薄，远逊中茶。近年，山户因售价日贱，多有荒废，实属可惜，得以天寒之际，开掘土松，浇壅灰料，则出产渐旺，色味亦佳。

采茶宜及时候也。中国之茶，有头春、二春、三春名目。近年市面疲坏，半由茶商观望，抑由山户因循延缓，采摘既迟，遂致细茶颇少，粗茶较多，货出不佳，焉得善价。如前任江西义宁州黄公深知此弊，严行整顿。凡采摘头茶，限谷雨前十天，一律开办，制法毋得潦草。倘有不遵者，许茶商随时禀究，雷厉风行，悉听教令。是以去年惟宁州茶最佳，价亦较贵，此其明证。可知，及时采摘最关紧要。

炒茶宜用炭火也。采摘青茶之后，须用炭火焙炒，庶无焦烟之气。近来洋商格外挑剔，一遇柴火所炒之茶，有焦烟气味者，退盘割价，悉听搜求，不肯迁就。应令各处山户，凡炒制青茶，概用炭火，毋得贪小致受亏累。

以上三条，请行知产茶省分各该地方官，一律整顿，务使家喻户晓，利害兼权，以保利源而昭慎重。

制茶宜用机器也。中国制茶悉用人工，转手繁多，工本颇大，一遇天雨，或炒制不精，则色香味具减。外国制茶，悉用机器，工费减省，货色整齐，即逢大雨，亦可照常采制。盖外洋种茶地方聚集一处，屋宇宽敞，可以随采随做。中茶散种山间，采制较难，即购办机器，资本颇巨，恐难举行。

厘捐宜酌减也。查安徽茶每引一百二十斤，捐库银二两零八分；姑塘每一百斤，捐库银四钱。江西宁武每一百斤，捐库银一两四钱；又河口每一百斤，捐库银一两二钱五分；姑塘每一百斤，捐库银五钱。两湖每一百斤，捐库银一两二钱五分。湖北堡工费，每箱四十余斤，捐库银四分。又，山户捐，每茶价一千文，捐钱四十文。又，茶行捐，每箱四十余斤，捐钱三四十文。湖南安化山户捐，每茶价一千文，捐钱三十文。又，箱捐，每箱四十余斤，捐钱一百文。浙江每一百斤，捐库

银六钱。杭引费，每一百斤，捐库银一钱三分四厘。尚有各处地方善举等捐，为数亦巨。除茶末、茶梗免捐一半外，其余无论粗细高低，一概照捐。而且每一省有一省之厘，过一卡有一卡之捐，处处张罗，层层剥削。在从前价贵，无关窒碍，近来价值仅售十分之四，以致商情异常困苦。若非酌减捐项，实有裹足不前之势。

关税宜减轻也。查印度、锡兰免完捐税，日本则每百斤仅完税洋一元。成本既轻，销场自广，遂致外洋茶市，日有起色。中国出口税，从前系照广东海关，每百斤完银二两五钱。彼时茶价尚好，每百斤可售银五十余两，是与值百抽五之例相符。近来茶价□贱，每百斤售三十余两者，十居二三，售十余两至八九两者，十居七八。而税银一律仍旧，是不啻抽税四分之一。凡茶商采办百斤之茶，除山价外，须用铅锡、箱罐、柴炭、工食及拣炒、折耗、装运等费，无论高低，每百斤需银四两余钱至七两余钱不等。加以捐税两项，以致成本愈大，亏耗愈多，遂皆视为畏途。苟能体恤商艰，重定新章，税项视茶之等差，分别照纳，捐项在在务从轻减。庶不至以无定之价值，厄于有定之税厘，则商情自见踊跃，销数自见畅旺，捐税自见丰盈，恤商裕课之，谟于是乎在。

《申报》1889年11月30日

书茶业董事禀词后

茶业董事此次呈禀，盖为接奉江海关道龚观察札谕而禀覆也。龚道宪之札谕，则以奉到北洋大臣札准总理衙门咨而总理之所以咨行，则以接仰台湾抚宪咨文故也。观其粘抄台抚来文内开，据淡水关税务司莫显□申呈案。查前奉总税务司通札，饬各税司查覆，现在中国茶业逊于从前之故，继而查阅各处覆文，多以掺和茶末、茶梗等弊为言。夫强和茶末、茶梗，则其茶色香味三者均不佳，货低而价贱，西人或且不愿购取。此说也，各税务司所论佥同，如江汉关裴税司谓箱中末多，是于客商有碍。九江关辛税司云，嗣后必须不准掺和，违者重罚，则习气除而弊端去，无不畅销矣。上海关好税司云，宁波所产之萍水茶，多系掺杂坏物。此种弊端，势必至生意全坏而后已。另一种掺法，尚不损人，乃用茶末掺杂，和米浆成丸，充珠茶发卖。好税司言，萍水茶为宁波所产，尚未详考，其实则产自绍兴者也。淡水关湛税司谓，一于原茶内混杂茶末、碎茶，二于超等红茶掺和下等粗茶，混杂末碎之病。曾经厦门西商会馆通知台北采办茶庄者，前业经定例，每担有十余斤茶末，则不能用。

观二年间，或混杂碎末，多至十二斤、十六斤者，不一而足。自后每担或过什一，或混杂粗梗有五斤者，卖主均免承受等议。次年，会馆再行通知，应按前定之例，并拟将茶末之筛眼，加大一线，特存筛□在会馆，以凭公论。初创时，有违例者，洋商扣其价值，颇为见效。渐仍不服，前例不行，仍多掺和。福州关汉税司云，查欧罗巴、新金山、甘耶打，从前皆销福州茶，兹以梗末过多，始向锡兰购办。福州茶末，在十一年前已厌其多，今则有掺至三十斤及三十二斤者。厦门关柏税司谓，火焙不能如前，装箱掺和茶末。此皆各税司覆文所云也。然只言其掺和梗末之病，仍未究其病源。细思其故，实缘税则，于此项末梗，运赴外洋，概照茶叶，一律征税二两五钱。货贱而税重，即欲贩至他口作砖茶，亦恐亏本。是征税过重，反彘其销路也。欲施补救之法，当以减轻税额为主，凡有茶末、茶梗，无论运往中外口岸，均照值百抽五之例，或按价另定税则，此则整顿茶务之要义。故茶业旧略，于接奉札谕之后，悉心筹画，拟就条陈，一一禀覆。其云掺和之弊，固所不免。

然中国近年以来，茶业疲敝，精选好茶，尚不能如从前之畅销，又何敢掺以坏茶，致受大落。大凡生意兴隆，货物旺销，乃可掺假，此不特茶业为然，各业莫不皆然。近来茶业之疲，至于此极，以故知掺和之弊，不似从前之甚，独有所□，减定税额，是诚扼要之论。然中国之茶，有税有捐，实分两路，税归洋商所出，捐则华人自出。是以税司但请减税，而不及厘捐，殊不知捐项之重，尤足以病商。为今日茶业计者，税与捐固当并计，及之减去税则，则西人之购茶者，自必利益均沾，定多踊跃，不至意存观望，且贩出外洋，亦可望有利可获，而不至虑及折本。若再减去厘捐，则华商受惠更多，业此者自必兴高采烈。或者谓税捐并减，则国家必少收进饷，又乌乎可者？不知减税与捐，初非使国家少收进饷，实则望国家多裕课银也。何则？国家定制税捐，不肯减免，则必茶业蒸蒸日上，乃可以收足税捐之额。若日见凋敝，则业此者，不但裹足不前，必且改弦易辙，舍此而他图。如此则业茶者日益少，久之且将绝迹，又从何处征税与捐乎？若一经议减，则中西商人，均各有利可图，自必趋之若鹜。假如每担二两五钱之税，减至一两，似乎所减过半。然苟茶业兴旺，商贩云集，则今年出口多数十万，明年出口又多数百万，日新月盛而不能已。其税捐有增而无减，名曰减税，不啻增税，名为减捐，实则加捐，而且颂□作于下，实惠及乎民，所以裕国家、兴商务者，其计孰有益于此者哉！彼焙茶诸法，犹其末焉者也。录禀稿既竟，爰书数语于其后。

《申报》1889年12月5日

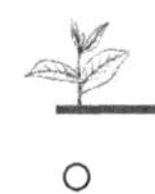

一八九〇

茶务经始

去岁汉口茶商几至不可收拾，统各帮计之，亏累至五百余万之多，然各钱庄尚不至大受其累。目今春日方长，尚罕有人谈及茶务，犹忆上年此时，上海各钱庄放出各栈之银已多至百余万，现在此等信息杳不复闻。岂因旧岁鸿遇顺、同顺祥及某栈等款项未清，故借以作前车之鉴耶。……

《申报》1890年3月13日

汉茶开盘电音

昨接汉口访事友人发来专电云：汉茶开盘，约沽七十余字，英未买，俱俄购。所产之茶，祁稍次，余处好。两湖茶价比旧稍高，宁祁略低。计各路茶顶盘：宁五十二两、祁四十六两、市廿二两、通廿八两、云廿三两半、高廿三两二五。电音如此，合亟译录报端，想茶业中人必以先睹为快焉。

《申报》1890年5月10日

茶市续闻

汉口茶市，昨已录登，兹悉本月十八日三点钟时，是处接得浔阳电信云：本日茶已开盘，共沽出祁门茶四字，价自三十七两五钱至四十两五钱。查仙芽茶上年售至四十七两，今年开价如此，此后可想而知矣。宁祁茶价尚属相宜，两湖与上年不相上下，羊楼峒、长寿街两处山价有增无减。浔阳只英商三家，俄商之办茶者群居汉口，瞬届，汉口开盘不知是何局面也。……宁祁茶样亦不甚多，各茶栈欲发样而犹豫不决，盖以今年茶讯晴雨得宜，核计茶可早到汉，奈前礼拜封家姨大肆威福，诸船俱有戒心，不敢放棹云至。至午后，据茶栈中人云，两湖茶共到三十余字矣。所有九江开盘行情附列于左（下）：天裕行，仙芽祁四十两零五钱；协和行，茗芽祁三十八两；怡和行，仙香祁四十两；天馨祁三十七两五钱。

《申报》1890年5月11日

茶市开盘

汉皋茶市情形，前已录登于报，兹按访事人于本月二十日来信言：昨日下午四点钟时，两湖等处茶船抵汉者，共有八十余字，随后元和轮船进口附到宁祁样箱四十余字，诸栈家赶紧出样，本可即日开盘，因五点钟时，忽降大雨，狂风继之，至今日下午时，雨犹淙淙不息，观其大势，开盘须略迟矣。抑又闻之，本年各路之茶俱属赶早，惟安化、桃源一带程途窎远，尚未到来。犹忆上年亦于开盘后三四天方得抵汉。宁祁等处及河口之茶，曩亦较迟数日。兹则已到汉皋茶师论而尝之谓，本届两湖茶颇胜，宁祁茶似稍次，因叶片色味不纯故也。现在所到样茶不多，大约下次船来方可一涌而至。今日俄商百昌行所买不少，照开盘市价核算，两湖尚有微利可沾，宁祁则高低不一，而先令汇票价较昂，核之汉口银两，将近九折矣。

《申报》1890年5月13日

汉茶纪略

汉口红茶自开盘至上月二十四日止，共来宁祁茶三百八十四字，计二五工十四万余箱，沽出三百十七字，计二五工十万箱有奇。两湖共来二百四十八字，计二五工十七万七千余箱，沽去一百七十五字，计二五工十一万箱有奇。静观市面，颇觉踊跃，且价亦稳妥，因俄商办茶只喜高庄，价不稍吝，所以现在行情有盈无绌，但英商所办无多，颇见懈弛。我华茶商恐祁门、河口两处略受屈，抑因茶叶色未纯正，余处俱见利市也。现闻来茶不涌，续到续沽，有同一山头来货之迟早迥异，故尚有许多老牌茶犹未拢岸。江上运茶轮船已到三只，皆附怡和、协和等行，一名婺源，一名格林克里。据云水脚议定，每吨英金三磅十。其开放之期，总在本月初一二日，闻先令汇票已涨至四九一八云。

《申报》1890年5月19日

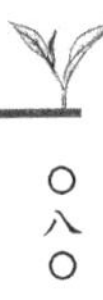

茶市情形

汉口茶市自开盘至今，已两礼拜有奇矣。查至初四日为止，宁祁共来一千零二十二字，计二五工二十九万三千余箱，沽出七百零五字，计二五工二十一万二千余箱。两湖共来五百八十七字，计二五工三十六万五千余箱，沽出五百十六字，计二五工二十九万九千箱有奇。然则宁祁之头春茶，核算已来三分有二，两湖则已来七成光景，售目之迅捷，来源之涌旺，俱较胜上年一筹。

今年俄商办茶比往年有增，上年向英埠转购者，兹悉数到汉自办，故纵使标码尚称合算。若华商之老牌高货，易得俄商欢心，售之可多获利，有许多好茶行情簿上并未见，但闻宁茶之奇馨沽价六十六两八，亦未书入簿内。本届之茶虽云有利，然两湖中之醴陵、桃源咸云吃亏最大，安化茶有幸、有不幸，亦颇多耗折，照茶师品评，谓其出产稍次，不为俄商所悦。至宁祁中之祁门、河口两处，亦闻有吃亏者。且言本届祁门茶额亦增多，因婺源与屯溪向产绿茶，难于沽利，今亦改做红茶也。刻今行情步缩，高庄每担约减三五金，粗货随意，减削无定。近今俄商购办稍懈，若转投于英，势必割削更甚，始肯收受。

江上现泊外洋运茶船五艘，定协和行之婺源船为头船。现已受载，议四月初六日起椗出口。其余四船，除受雇于俄商为其运茶外，次船不独无期，并未装有一件，较之上年，亦未有寂寞如斯也。

《申报》1890年5月28日

茶客投江

有某甲者，祁门县人也，但未详其姓氏，家计饶裕，喜作茶叶生意。上年与人合股采办，今年自立一庄，采买山茶装箱，后亲身押运，道出姑塘，寄样付浔，售与某洋行，得价颇优，已成交矣。后忽吹毛求疵，将样退回，作为罢论。甲遂将茶附搭某轮船运至汉口，其时轮船运汉之茶共有二三万箱，致甲之茶箱不能悉数装入舱中。适遇天雨，淋湿者数十箱，甲既遇退盘，又遭雨打，忧愁不解。俄而天气晴霁，商诸买办，乞将数十箱提向三层舱面晒晾，买办答以不能照办，甲因此坐卧不

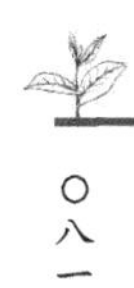

安，饮食俱废，屡至买办房前，欲近又退，将言又止。少顷，船至黄石港一带，甲□在三层舱面，纵身一跃，但闻扑通一声，众客哗然，言有人投水矣。船主急令停轮，放舢板捞救。初时尚见甲浮起，举手作攫拿势，后竟杳然付之，无可如何。迨轮船抵汉，将茶寄趸某栈，闻共有二百五十三箱，而甲之尸身于数日后尚未寻获，重利轻离古今同，慨甲以境遇不顺，遂致毙命江海，故乡眷属骤闻噩耗，正不知若何悲痛也。

《申报》1890年6月12日

一八九一

茶银消息

九江丝茶栈，每年于新正灯节前后，相与将银两汇齐，分装各筐，派司事、雇脚夫押解，宁州、祁门、通山等处分放，各茶客办茶，不下数千百担，络绎于途，极为热闹。今年灯市已过，节届惊蛰，各丝茶栈均观望不前，解银进山者甚少，佥谓去年底上海钱庄倒闭巨款，所以银根吃紧，江河日下，可见一斑。

《申报》1891年3月5日

茶栈近闻

汉皋生意以红茶为大宗，关税厘金亦以茶为最，故每岁官商无不望茶业起色。乃近年来，各商采办红茶，莫不讲求烘焙、拣簸之法，加意监制。但制虽如法，究竟茶产于□，其肥饶、厚薄、老嫩，半由天时地利，顾人事未尽，纵有美产，亦不能为嘉种。闻上年茶叶较往昔略形润色，考其所以然之故，无非在老嫩之间。人每贪多厌少，产户尽请留蓄，半老方摘，故多粗而少细，价何能起。上年摘嫩已有成效，现将春仲，又值生意发轫之初，愿官商晓示山户，劝摘嫩而就善价，如法制而不稍苟。且每岁茶客入山，多有到汉者。除自备资斧外，大半向茶栈拉扯银根，以补不足。各茶栈亦视此为利薮，既获盈余之利，又得先定之茶。发卖时，颇可专主。惟迩年各埠银根甚紧，事多棘手。现在各栈间用申庄款者，闻申市有不应酬之说，若止就汉口庄款，亦难畅所欲为。正在踌躇，前日忽闻有某财主，骤将曩昔余金若干万两，遍泷各栈，庶免饥渴，从此各茶客，又可借西江之水，而活涸鲋矣。

《申报》1891年3月15日

续述汉口茶市情形

本届汉口茶讯，日前由访事人特发专电来申，业已照录报中。兹又接访事人续信，合再备录报中，俾业茶者得以详览焉。据称，三月二十五六，江裕、北京两轮船进口由浔运至宁州茶十余字，汉河下亦到有安化茶十余字。汉上各洋行茶师附搭该两轮船来汉者不少，下次安庆轮船抵汉时，各茶师想可到齐。宁州样箱，该船运来者谅亦不少也。目下，汉上各茶栈因茶师尚未到齐，议暂缓出样。俄商一见小样，即以新泉试之。□论色香味，且议价值。至二十六日，各茶栈始出样，沽安化茶物华字额计五百十五箱，价六十两，系俄商百昌、德和两家分受。

查安化一处之茶，自汉口开埠后，迄今二十余年，顶盘售至四十二三两，嗣后逐渐低至十余两。闻安化邑宰整顿茶务，以该处与桃源素系产茶之乡。近年茶商进山渐渐稀少，其办茶运汉者，频年以来，屡有折阅。究茶务之所以日坏，谋由采摘太迟之故。邑宰遂于去春面谕乡民，采茶务须趁早，乡民遵照办理。商贩运至汉口，沽价三十七两五钱，稍觉得和早茶之效，已有明征。邑宰恐四乡未及周知，复于岁底大张告示，劝谕乡民采茶宜早不宜迟。往年采迟，收茶二斤，目今采早，只收一斤。多寡之数不同，然早茶一斤，售价可抵二斤，可省一切工食，裨益实非浅鲜。复谕茶商，如谷雨之前贩运嫩尖，务须赶并成箱，运汉沽售，总有利源可揽，不可袖手观望，致失事机。今年二月间，复着差保，掮牌鸣钲，遍行晓谕，四乡商贩，咸乐遵从。今年安化茶到汉比往年为早，往年各处茶开盘后十日，方见安化茶上市，今则大胜于昔。据茶师评阅安化茶汁味与宁州不相上下。二十七日复沽一字，价五十八两。论者谓安化茶疲滞多年，至此顿有转机，不枉安邑宰整顿苦心也。

今年天时不正，清明时晴暖蒸郁，行人脱帽露顶，犹觉汗出如浆。三月初七八日，忽又寒冷，大风扬尘，黄沙蔽日，继以淫雨，泥泞载道，至二十二日始放晴霁。节交谷雨，茶树萌芽正茁，忽为风雨沙尘所阨，此产茶之所以不旺也。两湖等处，因天时不正，园户采摘无多，开秤时价即昂贵。惟宁州将近开秤时，有俄商百昌、德昌两行东，改扮华装，入山游览。土人闻知两行东系汉上有名行家，此际进山，谅系自行采办。适值久雨之后，所产不多，各处乡人鸣锣，号召一律抬高价值。宁州茶码最高，比上年成本加增一二十两。据老于茶务者云，今届洋商虽出高价，无如晴雨不正，产茶无多，箱额比上届只有七折。今年成本颇大，然遇阴雨所做，俱是次货。二十七日，到宁祁、两湖只三十余字。总之，今年庄多而货少，恐业茶者难获盈余也。

《申报》1891年5月9日

浔阳茶市

九江连日到有通山、宁州、武宁、祁门各山庄红茶甚多，茶栈中随到随拣，捆装成箱，陆续运往汉口。据茶商云，今年山价甚高，收毛茶价在五十码左右，此等开盘价目只可顾本，未见赢余。九江天裕洋行开盘买二五土一百六十余箱，价四十两零五钱。说者谓今年各茶山出产不旺，将来运出茶箱不及往年之多，洋商知此消息赶紧采买，不复吝价云。

《申报》1891年5月13日

浔茶续信

九江访事人来信云：今年头帮红茶汉口开盘，价目传闻日盛一日，遂致各山茶舍近就远，趋之若鹜，在九江出售者寥寥。兹将连日浔市开盘茶数列后，以供众览。三月二十七日，天裕洋行買馨二五土三百十五箱，价四十两零五钱。二十九日，天裕洋行买茗芽二五祁二百三十七箱，价四十三两五；明芽二五祁二百十箱，价四十两零五钱；公馨二五祁二百二十八箱，价四十四两；魁珍二五祁一百四十四箱，价四十一两；瑞芽一百四十六箱，价四十两。协和洋行买和馨二五祁一百六十五箱，价四十四两；公馨二五祁一百六十六箱，价四十二两五钱。四月初一日，天裕洋行买瑞馨二五祁一百八十五箱，价三十四两二钱五，蕊香二五祁一百八十二箱，价三十六两；蕊香二五祁一百九十五箱，价三十五两。初二日，天裕洋行买魁芽二五祁一百六十箱，价三十五两。以后数日并未开盘，均往汉口出售。

《申报》1891年5月18日

汉皋茶市

三月二十六日，汉口红茶开盘，迄今已阅四礼拜，共到宁祁茶一千三百五十余字，计二五工三十四万余箱，沽出九百四十一字，计二五工二十三万八千余箱，其

未沽之茶尚存汉栈者，计二五工十万箱有奇。两湖茶共到九百九十余字，计二五工四十四万九千余箱；沽出八百三十四字，计二五工三十七万二千余箱。未沽之茶尚存汉河计七万箱有奇。查今届红茶未开盘之先，俄商百昌、德昌两行主进山游览，视至宁州察阅情形，目见采茶时正逢霪雨，知茶叶出产必少。……洋商则总以茶样不符，多方挑剔，除过磅亏耗不计外，但论割价一层，华商已受亏银七八十万，茶务之坏，岂真无可挽回耶？华商之办茶，受尽千辛万苦，方其进山设庄时，搬运银钱，沿途节节费力。及抵山后，大庄收茶较多，必出子秤七八杆，或十余杆，赴乡收茶。待收有成数，然后运至大庄，子秤所收之茶，高低不一，必须筛拣加焙，费数昼夜之力，方可成箱。既成箱后，用小船驳上大船，每船只装四五箱。今年雨泽过，滨河水涨，历尽风波之险，始得运至汉口，依旧不能获利，良堪浩叹。最吃亏者为长寿街、平江、羊楼司、醴陵、浏阳、桃源共六处……宁祁、两湖等处统扯，十分中只有一二赚利，余皆亏耗不浅……

《申报》1891年6月7日

光绪十七年祁门胡上祥立遗嘱章程文

义字领

立遗嘱文胡上祥。缘身叨祖德，弱冠侔入胶庠，清白传家，恒产粮无合勺，舌耕八载，累讼六年。戊申元配物故，时大女将出室，元龙年才舞勺，次女十岁，文明仅六龄耳，衣食无资，生计无术，千思万虑，求人不如求土，因此自愿退租息讼，入山雇工兴种茶葪、茶子，以为养老计。厥后五六年，发贼扰境，公务旁午，艰难万状，喫粗着破，深耻仰歇□。□□年，族侄邀业自立，余曰：是上策也。后因费用浩大，负债五百余金，余经手大半，不能归结，族侄将在东路做成土碓二区，出顶与余独立接手，二三年间，颇获五六百金，半山建造培桂山房。丙寅冬，李长翁昆玉要来合伙，义不容辞，又□□□老碓邵家旭木料二费，约四千金。殆至戊寅四月成功，不料满盈招损。六月初，陡发洪水，二区碓业地又俱无存留，自此灰心名利，稼穑维宝。至光绪元年，祖居无以安身，承蒙知己族友助会数百洋，做成现住承纶堂之屋，虚度已逾花甲。元龙年过强仕，溺爱不明，贪得无厌，罔警天戒，弗虑弗图。戊寅，祁南红茶本号开创。至丙戌，已历九载，不意元龙随手支用，无知妄作，好行小慧。丙戌，九江卖茶失机，号内加做三班，我全不识，细盘

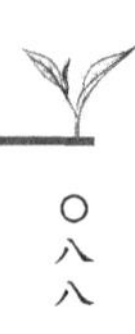

本年约空二千再叫。伊自戊寅起，将本山递年出产若干，家支若干，据实开单呈核。九年共收山洋八千五百余元，家支自零星及做栋楼茶号、居仁堂屋、璠琰二孙花烛、入泮各用，仅用七千零，仍余一千零。查盘负欠，大约在五千以外，心神恍惚，无计可施，以至废弛公事，抱恨惭愧，自丙戌至庚寅，日在混沌之中。丁戊两年，茶号歇业，□银洋如何认利安顿，朝夕谆谆，面从心违，父命视为弁毛，出入丝毫不禀。《小学》云：自幼养成骄惰之性，到长益凶狠。信矣，晚矣！事已至此，亦惟自怨自艾，夫复何言。旧秋邀恩遵例，具禀学□□□□，准奖“泮水重游”匾额，以示光荣。今正初六，璠孙又产一男，心意颇安，若不趁一息尚存，粗立章程，合家十余口命根日剥月削，伊于胡底半生辛苦，付与东流。文明秉性木讷，诸孙又未习艺，惟有鼓舞迈年精神一日不死，照理一日，一旦气绝，二子诸孙，照文经理，我亦瞑目于九京矣。谨将自手开荒、承祖、买受各处茶萪暨各处松杉茶子，一一开注于后，再将负欠各债数目息金，逐款开载明白。嗣后，山中出产银钱，必交我手收存，要用来山禀领，毋得擅专，爰命璠孙将遗文缮誊仁、义二簿，又命二子请亲房族中作证，敢有违文异议，即将此簿呈官出首，仍依此文为始，永远为据。

前文添二字，改一字，涂一字。

光前裕后

谨将各保各号山地土名，开荒、买受、承祖，分列于后：

十二都五保土名苎弯塔茶萪、茶子、松杉、竹木，尽系开荒，半山建造培桂山房、茶厂、厨房、住屋。

仝都保土名西山塔外，自栗木弯地起，里至长坞岭止，茶萪、茶子、竹木，尽系开荒。

仝处坞口东西两培，本家兴养松苗，以作柴薪。

仝处横插坞口茶萪、茶子，及内横坞坞头茶子、松苗杉树，均系开荒自种。

仝都保黄荆弯横路，上地兑受，路下承租二甲业，及坞头茶萪、杉木，均系开荒自种。

仝处弯头高尖两培，毗连背后三四都八保小横坑头顶茶萪，及下毗连本山平塔茶萪，均系开荒自种。

仝都保石际坞头，及东西两培茶子，山脚山弯茶萪，均系开荒自种。三四都八保土名塘坞头茶萪，承祖圣祀地。塘坞口茶萪，开荒自种。

仝都保土名长坞源，向系五门庄基，内有田四千余步，荒芜多年。光绪十五

年，本家向各租主承来开荒耕种，无论荒熟，硬交租谷五十余秤。其田听凭更改，或种茶莳杂粮，永为已业。

江西景德镇毕家衕内，自造行屋一重。

祁门县东路庄岭脚，自造土碓一所。地汪姓业

东路仝处太和坑买受业：

本村朱氏衕自造茶号，坐南朝北店面一重。地贞祀业

一保考坑源，谷子三十斤；五保学田里，谷子十斤。

□保葫芦丘，谷子十斤。立本堂业仝保上榨，谷子二十斤。

五保斧脑丘，谷子二十斤。原三十斤仝保横插坞，谷子一秤。义字业交谷八秤

仝保横路下，谷子十五斤。

眼前家规章程，库无余储，出产有数，不敷应用。加之负欠多多，只有口粮章程可定，其余一切无从注明，俟将各债归还，再定可也。

每口每日给米两祁筒，油盐钱十文，读书者外贴膏火脩金节敬。

应酬亲友红白，及自家好事，临时斟酌，以俭为贵。

合家大小衣服，非无更换，则不可做，三年之内，只可修补，不可全新。

本山所产货物出售，得价银洋，尽归我手收存，一切债主，除公项祀会、孤贫，本家口粮，万不可□，外仍余多少，酌实交纳，不足即俟来年补偿。若又借贷还债，则债主日多，出产不足以应，终至归还无着，坐以待毙而已。

本山眼前出产，大约四五百洋之谱，又白土茶号约一二百洋，二子果能内俭外勤，禁止浪用，还本则难，轻利有偿不须别寻生活，守此日积月累，岂特还债，尽可光大。圣训云：欲速则不达，见小利则大事不成。若又七扣八申，东扯西盖，譬如漏脯疗饥，鸩酒止渴，我为寒心，戒之慎之。

我殁之后，山材渐有增加，二子将每年出产价洋，除支口粮交利外，仍余若干，则还本金，渐还渐少，应亦不难。俟还清债目之日，所余之洋，除存合家大小口粮正用外，作五大股分，支承纶堂领一大股，应酬门户，余者置业，仁、义二字各领一大股。另立光前裕后之基，邦頫公祀领一大股，分十之八津贴派下男丁衣履，分十之二以给妇女针线之资；仍一大股，分给族亲之无靠及贫寒者。

培桂山房，本坞开荒已尽，背后长坞源，大局已经立定，二子继志，则着意在雇工，日日亲临做工之处，自然不为所欺。山材亦非小可，此则因风吹火，用力不

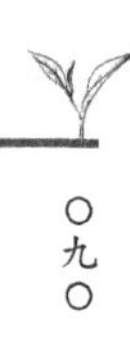

多，譬如船在滩头，努力一篙，则出滩矣。诸孙善述，亦将有感于斯文。

办我丧事，入殓月余，无论冬夏，即请族绅十位，以三日为率，一日香，一日祭，一日出柩了事，方合圣训。丧具称家之义，我主不须名公巨卿题红。临期前一日，命璠孙沐手，敬书登时成主，若违斯命，我若有灵，决不来飨。

各项各祀各位存银洋钱，分列于后：

元号十四款，共计存洋一千八百十八元零五钱。

二号二十九款，共计存洋八百三十六元三钱。

三号十六款，共计存洋七百五十元零五分。

四号三十七款，共计存洋九百十元零九钱。

五号八款，共计存洋五十七元三钱六分。

六号十八款，共计存洋二百九十二元八钱四分。

共存洋四千七百二十八元。银钱在内申扣

以上各项存银洋钱及名号，另有誊清簿一本，逐款细注明白，以免日后增改。

光绪十七年二月初四日立遗嘱文　　胡上祥（押）

长子　元　龙（押）

次子　文　明（押）

孙　标（书）

榜（书）

珪

璋

佛　诞

亲侄　文　蔚（押）

再从侄　昌　燧（押）

服侄　昌　培（押）

族弟　上　德（押）

族　柏　昌（押）

曰　光（押）

绍　光（押）

兆　祥（押）

奉书孙　标

《光绪十七年祁门胡上祥立遗嘱章程文》，光绪十七年抄本

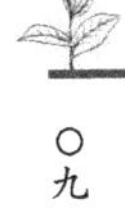

一八九二

汉皋茶市初谭

昨日汉口友人来信云：两湖、宁祁等处红茶由山头采制成箱，运至汉口者，上年皆为英商所购，转售与俄人。汉口俄商虽有阜昌、顺丰、恒昌等行，昔时皆购取尖嫩茶，仿山西帮牌名，改装成箱，待茶市将阑，即专收花香，制就茶砖，由水道运赴天津，然后由陆路运出口外。比时，俄人茶业不及英人十分之二三，迄光绪初年，英商向俄人承揽购茶汇票，改制茶箱，由海道出口。至五六年前，始有俄商开设百昌行，每见尖嫩上品茶，即议价购取。

去年安化头春茶开园，最早一运至汉，当即开盘，价值六十余两。宁州茶九十余两，自汉口互市以来，茶价未有如此之旺者也。一时业茶诸家，莫不交相道贺。厥后俄商意稍却，每当过磅覆阅，必诿为货样不符，兼有烟气，坚欲割价退盘。前值八十两之茶，有割去二三十两者，待至运茶到口，接得外洋消息，皆曰俄国全境旱荒，茶难销售。嗣闻山西帮得口外信，亦如其言，遂致华人之业茶者，莫不心存懈怠。今年正月，茶务绝无人谈。至二月，始闻有□□入山之说，然亦不甚多。三月不浣，闻安化山已开园，较昔更早，山价与去年相去无几。谷雨节前，晴雨应时，头春茶之佳，不卜可知。孰意三月二十四日，天降霪雨，加以寒气逼人，直至目今，尚未开霁。各山茶庄来信咸谓，日内尚难开秤，且茶之出数不多。四月初九日午刻，各茶栈始饬人送样，询之知安化茶，已到十余字。初十晨，送样者更多于昨。其时各行茶师大半未到，待至下午，闻已开盘。次日为西人礼拜之期，行情未见来报，走询之则云，茶师未齐，行情难定。及下午，远望婺源轮船，鼓浪而至。钟鸣六下，停泊马头，各行茶师附之，而至者踵相接也。十三晨，又有泰和轮船进口，想茶师当可来齐。据云，今岁新茶色味俱佳，惟□之其汁稍薄。高桥茶及安化茶，经俄人买去者颇多，宁州茶亦然，虽有续来之货，然不甚多。犹忆上年安化茶，每字千余箱，今大额只四五百箱，余皆一二百箱。宁州更少，溯自初九日至十二日，所到两湖茶共一百十余字，二五工四万一千箱有奇，宁州、祁门共到八十余字，二五工一万一千箱有奇。

《申报》1892年5月13日

茶市丛谈

汉口来信云：本届茶讯自四月初九日发样，十一日开盘，其时各行茶师尚未到齐，是以茶价难于核定。至十三日始，将行情刊报。迄二十五日，屈计十七日内，两湖等处共来八百余字，计二五工三十万七千余箱，其余皆存在汉河，尚未沽出。宁祁等处共来七百八十余字，计二五工十七万一千余箱，只沽出三百九十余字，计二五工八万六千有奇，刻下暂存汉栈未经沽出者，约计八万余箱。回思上年自开盘后十七日，两湖来茶共七百八十余字，计二五工三十七万五千余箱，沽出五百七十余字，计二五工二十六万四千余箱。宁祁共来一千五十余字，计二五工二十七万三千余箱，沽出六百余字，计二五工十四万五千余箱。

由是以观，去岁较今加多，殆以今岁，时交谷雨，茶正萌芽，而霪雨连绵，峭寒未改，茶被摧伤，故一时各园户，莫不临风叹息曰：天心不仁，何独于我。山人加之阨乎，然出数既少，则销售不难。又况汇票现只四先令有奇，头船水脚，每吨仅四磅，则茶价应比往年每担增五六两。所惜英商嫌市价腾贵，观望不前，来数又属无多。惟俄商尚肯出价沽受，照英人局面，则茶市尚堪问哉！幸业此者见出数大減，购办无多，是以虽致受亏，尚属无几，现已专信入山止办。两湖、宁祁虽有续来之货，然较上年约少十七八万箱。汉江停泊外洋茶轮船□艘，头船名曰“婺源”，议定礼拜六，即五月初三日出口，二船系太古行蓝烟筒。及俄国巨舰，现已受载若干，开期尚未核定。传闻英船尚有续来者，俄船亦当不乏至。湖南桃源茶稍沾利益，高桥亏耗最重，安化虽属受亏，其货颇高，尚易销售。其余如羊楼峒、长寿街、平江、聂家市、湘潭、云溪、醴陵、浏阳、北港等处，赢余者只十之一二。湖北崇阳略沾蝇头微利，咸宁、通山、杨芳林、羊楼司等处，亦皆亏耗。江西之宁州、龙泉、河口，安徽之祁门、桐木关等处，亦不免折本，浙江温州更难牟利云。

《申报》1892年5月27日

书本报茶市述闻后

鸣呼！中国之茶市，至今日而尚何言哉？论中国之生意，惟茶与丝实为大宗。

大宗生意倘有起色，则凡百经营，皆沾利益。无如积疲已久，挽救颇难，丝市情形，已如斯矣。茶之一业，亦年不如年，大有江河日下之势。余于此事，不惮苦口言之再三，冀于此业中人，有所警觉，知所戒惧，以为失之东隅，收之桑榆之计。即去年总税务司，亦曾咨照该业中人，认真整顿，并请督抚通饬地方官等，会同该业董事，悉心考究，必求大除积弊，重布新猷。然迄今此业中人仍苦一筹莫展。说者谓茶业之所以颓者，由于税厘之重也，作伪之多也，制炒之不得其法也，人工之不如机器也。吾独以为，由于贪之一念害之。盖厘税固重，然前此业此者尚少，皆因此而大发其财，不以重征而致亏耗也。作伪者原有其人，然当前此生涯极盛之时，伪茶之掺和售出者，正不知其凡几，西人亦曾受其害。至于今日，则稽察弥严，挑剔愈甚，当此洋庄滞销之日，谁复有以□鼎相尝试。若夫制炒不得其法，人工不如机器，是则精益求精之说耳。前此茶业大盛之时，何尝不照此制炒，何尝不用人工？只以近年以来，连年折本，贸易中人，乃以此为畏途，而吹毛求疵，有此批剥。

尝遇西友谈及中国丝茶两业，谓中国之业此者，苟年年有一定之额，而不逐岁加增，则生意未有不佳者。即必不能大获，亦必无大耗，此则正与余去□之论相合。余不敢固执己见，盖实有见。夫该业之坏，其原在此。不塞其源，而欲其流之不溢，乌可得也。昨闻茶栈之业平水茶者，与□客等会同商议，本年之售平水茶者，以十四万箱为止，此即有定额之说也。夫此说果行，适与西人之意相副，必有欣然以喜者。何则中国之茶业年年亏耗，外洋之茶商亦未尝不亏耗也？华商有利可沾，西商乃亦有利可获。倘年不如年，茶业凋零，又岂西人之利乎？以故西商亦欲中国之出售有定额，一有定额，则西商可以通盘筹算，亿则屡中。若一无定额，则其数无准，将从何处□度。惟此时始议及此山户，未免吃亏。

闻今年山上所产之茶，约有十七八万箱，今议只销十四万箱而止，则所余之三四万箱，必置高阁。为山户计者，自不无啧有烦言。然平心而论，今年茶业疲敝，至于此极，所谓琴瑟不调，必改弦而更张之。倘仍泥定成见，拘定古法，势必至于无从补救。今该业有此一议，则必援为成例，永为定额，适与西人之所望于中国者，其意符合。虽山户有受亏者，而从此茶业可以有补救之望，或者从此业此者，日渐兴旺，则未始非中国商务之一大转机也。

论者又谓，近来欧洲出茶，日见其多，东洋亦出绿茶。故西人取其便，而皆购欧洲之茶与日本之茶。此中国茶市之所以益疲不知。日本之绿茶，色香皆佳而味薄，欧洲所产则未之见。但就西人日报中论及，则谓逊于中国之所产，并闻有□生

验之，谓多食恐致病。然则由此观之，中国之茶，其销场虽减于昔年，而苟自限定额，不于此额，再有所增，则此数之销，西商且敢保其险，又何虑问津者无人耶？

夫中国官场中，向来不与商务。即如茶之一业，日形疲敝，有以为应请减免厘税者，从无有一官起而为该商请命。若闻一有定额，必且深以为非。盖其志在厘税之数，亦必有定额，而无从舞弊也。此则但知为私，不知为公之见，不足听也。夫茶业绝无转机，大将裹足不前，争□舍此，以别谋生计，则业此者，日见其少，而税厘又将从何而出？幸而议定额数，度彼必有把握，深知此数之销售，可以立定，则商业有复兴之时，于国家所益，岂浅鲜哉！阅竟不□为，该业中人欣然额手而不能已。

《申报》1892年8月13日

一八九三

茶市初志

汉口访事人云，节过清明，茶商已携款入山购货。闻各山园户，因春头腊尾，天气严寒，以致茶树冻伤，枝叶凋零殆尽。幸元宵节后，雨旸时若生意葱茏，加之树少旁枝，菁英凝聚，虽所出较少，而色香味均能胜于往年。谅开秤时，山价必然昂贵也。至汉镇今年新添茶栈一家，牌号宝善祥。又，清茶栈一家，牌号源泰昌。若谦慎安、厚生祥、熙泰昌、春华祥各栈，往年正月杪二月初，均将银两放与茶客，多以五六十万计，少亦二三十万。今则银根甚紧，有鉴于上年业此者，每多折阅，不肯操纵自如。各钱庄每当岁暮之时，必多买制钱屯积，新正放与茶商办货，获利可以从丰。今正茶市萧条，粮□钱开盘只六钱九分，元宵前涨至七钱，嗣复低至六钱八分，迄今始提至六钱八分二三厘。目下两湖等处，虽未悉茶庄实有几何，然闻羊楼峒、长寿街、崇阳三处，较往年无所增减。惟高桥、聂家市略减数庄，桃源、安化、湘潭皆以路远莫悉，宁州茶庄减少若干家。日内，仅开八十余庄，纵有积添，亦不过百余庄之谱而已。九江解进山内之银已有二批。初六日，头批约解七十八挑；十六日，二批一百十三挑。视去年清明节为止，所解不及一半。说者谓茶庄之少，实缘栈银之紧故耳。更闻江西会票，昔卖一千三十七八两者，今只一千零二十七八两。九江土庄现定二十一家，较旧时添三四家，武宁、祁门、河口茶庄减增，尚待续闻云。

《申报》1893年4月13日

茶市续闻

各茶商措办银钱，进山采办，前报已纪其略。今闻两湖等处山头，今年天公做美，晴雨应时，茶树萌芽，一律尖嫩，瀹水煮之，香味甚佳，此为近年所罕有闻。开秤之期约在初七八日，涌庄总在十三四日，茶运至汉约在二十三四日。今年开秤较往年为迟，又因旧腊雨雪交加，茶树冻坏甚多。今年头春茶出产较少，山价必贵。又闻宁州开秤情形与两湖相同，摘青于二月二十九日，上市价售一百一二十文，与去年相仿佛，但此系做乌龙、白毫之用，不能作准盘论。九江解宁州现银，

头二帮已登报章，惟三帮系二月二十五日解一百六十挑，月底四帮又解九十六挑。查上二年，四帮共解八百数十挑。今解四帮，共只四百四十余挑，较少一半耳。

英商至汉者不及十分之一，俄商则有十之七八。闻俄商百昌行二茶师，于前月杪请领护照，亲往羊楼峒处游玩，山户疑为购觅佳茶，争相抬价。犹忆上年有二西人易服游宁州，该处山户谓，自通商以来，西人从未至山。此次必为买茶而来，遂将山价抬高数码，是年业宁州茶者，无不大受亏耗。今闻汉口有俄商一二人，亦拟于日内往羊楼峒处浏览景色，未知山户能免以讹传讹否。

至两湖等处茶庄，较旧少一二十家，宁祁等处较旧时少六十余庄，祁门反增二十余家。今将各处茶庄列后，两湖等处茶庄：安化五十六；内口庄六；桃源八；双潭、永丰、伪山二十六；高桥三十五；浏阳六；醴陵六；平江六；长寿街十八；云溪、北港二十三；聂市二十八；羊楼峒五十三；内口庄二；羊楼司九；通山、杨芳林十一；咸宁、马桥十三；崇阳、大沙坪十九；宜昌一，共计三百十八家。又，宁祁等处茶庄：宁州一百零四；武宁四十；九江二十二；祁门、河口一百四十七，共计三百十三家。

《申报》1893年4月26日

汉皋茶市电音

本馆昨接汉友二十一日发来专电云：昨前两日至今日，两湖茶到百数十号，前日发样，昨午江裕轮船载来宁茶四十余号。俄商开盘，安化沽数号，四十一两五，浏二十两零。今日安化开盘，三十八两至四十两零，聂二十一，高二十四五，通二十四五，峒三十至四十五，司廿七八两，宁四十至六十。茶虽尖嫩，奈汁薄叶干，出货甚少，山价颇高，西商购者不甚踊跃，难沽高价。电音如此亟录之，为浮梁买客作先路之导焉。

《申报》1893年5月8日

茶信汇登

昨日汉口来电云，湖广茶于二十一日到汉，其货不多，旋于二十三日开盘，九江于二十日开盘。既而，接访事人来信云，安化、高桥两处新茶已于十八日各运一字到汉。十九日，又有茶来，计安化茶五千零九十箱；高桥茶三百六十箱；又有从羊楼峒来者，二百六十箱；从聂家市来者，一千四百五十箱。说者谓各处来茶，其色香味不敌上年，现在各国茶师尚未到齐云。又闻，十八日，婺源运茶轮船已驶至汉口，以备将来装茶出口也，正在录付手民。

又接汉口友人手毕云：十九日，复到安化茶数号，各茶栈尚欲稍迟出样。至午，各行茶通事约齐催促。俾茶师得以争先快睹，而茶师则谓，往年必立夏后两三日始发样，去岁极早，亦迟至立夏日，今独于立夏前两日出样，谅将来茶必涌至。故一见茶样，相约不论不评。既而，汉河又到安化、平江、永丰、沩山、高桥、羊楼司等处茶，共七十余号。迨江裕轮船进口，茶师之附之而至者甚多。宁州茶样箱亦已带到四十余号，各茶栈遂将样发出。至晚探悉，虽已发出，无尚不及十字，是以均未登簿。市上传言，得和行买进安化茶三号，价银每担三十七两至四十一两五钱；新泰行买进安化茶一号，价银四十一两；履泰行买进浏阳茶一号，价银二十一两七钱五分；永丰行买进一号，价银二十两。翌日，鄱阳轮船进口，带来样茶二十余号。河下报到，两湖茶九十余号，各茶师评之。据云，香味均佳，惟汁稍淡，因叶底受干故耳。至晋粤两帮所做安化高牌，亦已出样。据言，旧腊雨雪交加，茶树辄被冻坏，以致出产较少，山价腾贵异常。倘非善价而沽，即难保本。

西人因茶样出早，疑必多于往年，类皆徘徊观望。两湖只沽十余号，宁州茶价亦只五十余两，而其货比上年七八十两者不相上下，恐业此者大受亏耗也。所有开盘行情，开列于后：得和行，龙芽二五安四百五十七件，价三十七两；物华二五安五百十三件，四十一两五钱；同盛二五安五百十件，三十九两五钱。新泰行，美珍二五安六百四十一件，四十一两。履泰行，仙芝二五安二百廿四件，廿一两七钱五分。今市上所传行情云，隆泰昌之蕙香宁茶云六十两，发办尚未定局。安化茶三十六两五钱至四十一两五钱；聂家市茶二十一二两；高桥茶二十四两；羊楼峒茶二十四五两；羊楼司茶二十六七八两；宁州茶四十两至六十两。因各行不报，难询底蕴，故将所闻行情列上。

《申报》1893年5月10日

汉皋茶市

汉口访事人云，红茶自三月二十日开盘，二十五日止。两湖共到四百二十七字，计二五工二十二万五千有奇箱，售出一百十三字，计二五工五万三千有奇箱，尚存汉河者，计二五工十七万二千有奇箱；宁祁到三百九十八字，计二五工十万零四千余箱，共售出六十八字，计二五工一万八千六百有奇箱，尚存汉栈者，计二五工八万五千四百有奇箱。华商之业茶者，闻去年英商购办出洋之茶，因西仑印度茶掺集，销场稍滞。况上年载运至外洋，亦待俄人购取，而俄商百昌等行，向在英国购办者，近亦自来汉口采选高庄。上年一见好茶，即抬价抢买，英人于茶务已疲滞数载，目下来汉采办者，亦代俄人所为也。又闻俄人于旧岁运往彼国之茶，销售均属得利，即晋人所做东口茶，亦获蝇头。即上年运往东口不及售完者，堆积口上，刻亦已扫数售清，除官息外，尚有利可图。客秋八月寓汉，俄商叠接俄国来信，令续办二春及荷花茶，凡运往申江之粗茶，幸逢美国畅销，甚至九十两月行情，节节加昂。至十月杪，所存申汉两处之货，一概售完。

岁杪又逢雨雪，茶树冻坏良多。今春出数较少，所喜春日晴和，可望获利。至红茶开盘后，所售寥寥，或数字或十余字。廿四日，江永、安庆两轮船进口由上海、九江两处，茶师已一律附之。而至日内，市上虽不能大张旗鼓，然茶箱已稍觉行动矣。有俄商百昌行茶师二人，游历宁州乡间，吴坑、漫江山口摆着上产茶之处，观华人收制之法。十四日始出山，由九江附江永轮船上驶，言及宁州，初六日开秤，因有西人游历，山户遂效上年之故智将山价抬高，各茶庄无可奈何，只得略为放价。洎初十日，大雨倾盆，各茶庄相约停秤，将箱额减少，赶急运至汉皋，岂知俄人观望不前，故意使我华人折阅。现在汉上所售宁州茶，价开五十两以上，俱难获益。将来二字来汉，恐受耗非轻矣。祁门茶现已开盘，亦必受亏，惟河口茶迄未运到。桃源、高桥、浏阳三处之茶，略沾微利，其余安化、聂家市、崇阳、羊楼峒、醴陵、永丰、沩山等处，赢亏不一。羊楼峒、通山、咸宁、马桥、北港、平江数处，现乏行情。惟长寿街茶已到汉，尚待出样，然亦难望生色。

总而言之，今届茶虽少，而货实尖嫩，无奈西人猜疑不常。现据各山来信咸言，目前山内少高货，须待头字，剔下之货，尽数成箱，始可运出。停泊汉江之外洋运茶轮船，一曰婺源，拟头次开放，系协和洋行经理，到时代俄商满载，东洋煤今已卸出；其二为怡和洋行之某轮船，满载湖北铁政局之机器；三为太古洋行之蓝烟囱某轮船。尚有俄船六艘，未经抵埠云。

《申报》1893年5月15日

一八九四

汉市新谈

…………

客岁华商之为头春茶生意者，共亏银三百数十万两。如两湖产茶甚多，而湖北各山处处受亏实甚。湖南受重亏者，惟长寿街一处，余虽赢绌不一，而所盈不及所绌者十分之一。宁祁两处，亦产茶名区。祁门既受重耗，宁州亏累亦深。此中纵有得庆赢余者，然所赢尚不及所绌百分之二。继而接办二春、三春，因外洋先令汇票相宜，市价稍有起色，虽幸获利，而为数亦属无多。西商之在汉办茶出口者，以俄人获利为多，茶亦售罄。美人所购粗茶，亦沾利息。惟英人获利者少，受耗者多，缘有锡兰、印度之产故也。向来汉上庄家，概以岁底买钱囤积，待新年后付与茶客。客岁之杪，未闻有囤钱者，纵间有之，不过中等，庄家囤钱者，较上年惟一半而已。新正以来，钱价忽高忽低，茶客未敢动手。今年茶庄之数，闻广帮视上年只七折，至湖南各处山头，茶庄照旧，反增添三家，宝聚公老牌，名孚中外，已百数十年，上年业经停歇，今岁拟重张旗鼓耳。湖北各处茶庄，上年此时正在买钱进山，现俱未有所闻，将来宁祁等处生涯之不旺，已可□其大概情形矣。

《申报》1894年3月15日

振兴茶业刍言

先忧子问余曰："子昨为振兴茶业之论，略及茶业而不详，岂真以屡言之而莫之听故，灰其心乎?"仆生长茶乡，深知其源，请献愚者之一得焉。茶业之衰由于贪，而非仅由于贪，实因制茶不得其诀，不解化热之学，不知工艺之方，积习相沿，愈趋愈下，色味日差，价值日堕，奸伪因之日甚。中国产茶之区，两湖、徽绍而外，则有福建之建州、武夷之茶著名，第一山上俱是天生奇种，品物之重，价值之昂，莫之与较。即本山之主，终岁勤动，其岩上所产所得，亦不过二三斤，每斤值价数十百元。此种茶，他人不易得，乃高人雅士之清供，非大腹贾所能罗而致之者也。商人所买，乃岩下及建州各处所产，其茶有红、绿二色，味浓耐瀹，上者可瀹六七次，中者亦可三四次，味俱不减。

通商之初，惟广州一口，业茶者无不赴建采办，因而起家者，不一而足。十余年后，始有福州、湖北以及皖、豫、江、浙，然销场虽旺，终不及建茶之佳。顾虽佳，而近数十年来，富者贫矣，盛者衰矣，市景萧条，不堪寓目。此其故非尽受洋人之掯勒，不尽关营运之乏术，皆由制造不精，以致滞售亏折，而诈伪掺杂，因此而起。洋人始而疑我，继而轻我，终且挟我，此茶业之衰所以至于此极也。夫茶不外色香味三字，三字中有无限层次，良楛由此分，贵贱由此判。今欲化楛为良，易贱为贵，则必改弦更张，将造茶之法极力讲求，尽除从前积弊，而后可以致利。

第一在乎采摘。茶甫下山时，晾至略干，入灶烘炒，其红、绿色俱于炒时暂久、轻重中分出。中有妙诀，惟专门者能之，若不得法，或采摘过老，色味立变。山民惟顾山本，无暇他计，不择高下，一律发客，客或未谙其理，时受其欺，虽制造精良，终成无益，此一弊也。第二曰拣筛。由山买茶，载以筐与袋，发至庄栈。女工男佣，以次拣筛，拣时则男女喧笑，心不在焉，随拣随杂。筛则一人司一箩，半醒半睡，终日仅筛出一二十斤，而片索仍不能匀，此又一弊也。第三曰堆焙。片索既匀，然后发焙。焙用竹笼，下炽炭于火盆，笼中隔以竹篦，茶置其中，昼夜烘之，极热则取出翻腾，翻数次，斯焙透矣。乃发大堆，拌匀装箱。翻时或有未周，则生熟参半。又有夹于篦缝中者，久焙而焦，其味甚劣。又有余末从竹篦缝漏下火盆内，微烟飏起，其味尤劣。此等劣味杂入茶内，加以生熟不匀，又焉能佳？此其弊又一也。第四曰装箱。箱用薄木板，内有铅皮，铅皮焊封不密，箱复钉之不牢，茶在箱中，不一二月即洩气走味。茶市初开，即微觉减色，为日愈久，味同嚼蜡，价安得不跌？售安得不急？此又一弊也。

今欲整顿茶业，必须去此四弊，延请精于识茶者，慎采办以固其本，如法制造，认真拣筛，以清其源。或办新式机器，或置新式茶炉，定造厚密之箱□，以保其长久，于是茶纯而工本轻。盖工本之损耗，大半由于糟蹋靡费，一一精求，工本反省，而茶则全美。声名既著，余利自厚矣。万物各有其宜，中国之茶，乃造化自然之利，洋人欲以人力夺天工，于外洋多种茶树以夺中国之利，土地非宜，究属勉强，终不若中国茶味之厚且纯，只以中国制造未精，遂存蔑视之意。今果能极意整顿，各自奋勉，则公道自在人心。方且重价争购，先期预定，何患销场之不广，茶业之不盛，大利之不返乎？又有花香之茶，为洋人所推重，而中外制造，实皆不得其法。盖以花片罨在茶内，日久湿□味变，虽有微香，不适于饮。若以新意造成抽气香窑，用整盆清香花置于旁，但吸其清香以入茶，并无渣滓，则香味清纯，入口分明。何种花香历历可办，饮之令人如登仙境。此种茶亦各兼制，以作骖乘，不更

将不胫而走、不翼而飞也哉？余曰："整顿茶业讲求机器制造"，此说曾见诸赫税务司之公文，可知外洋亦未尝不欲中国人之自兴其茶业，竞精其茶务，其嗜中国之茶，于此可见一斑矣。余于茶务，本不忍复言，今得吾子之论，可以补西人之所未及，乃录而存之。

《申报》1894年4月14日

茶　话

皖南徽宁两郡为产茶最旺之区，每当嫩绿初齐旗枪乍吐，丁男子妇相约登山带露撷摘，歌声起处恍入罗浮香雪中，浮梁客子亦于此时鳞集羽萃，争先购运计宁郡所属之泾、太、宁三县所产，每年已不下二三百万金。至徽州一郡专销洋庄则更不可以数计。本届天公做美，晴雨得宜，所产之茶，旺逾往岁且色味浓厚，香气清远，消市亦好，是以业主无不比邻相庆，妇子腾欢。近有客自山中来言，清明后谷雨前所摘为魁□二字号苦荈中推为无上上品，其时山中零售每斤约本洋一元或一元二三角，继而所摘为天地人和等字，每洋一元可得一斤数两或二三斤者。盖稍迟三五日，叶质即已变老，色味即不免稍逊。至春末夏初，所摘乃乾元利贞等字，货既粗老，价亦等诸自□以下，每洋五六斤甚至八九十斤。是则蓬户小民用以解渴，不足登大雅之堂矣。至于山中趸盘客非业此者，不能屈指而数，姑从阙如。

《申报》1894年5月6日

茶庄纪数

华商之办茶者，因连年亏耗，不甚踊跃，各处茶庄顿形减少，前报已纪其略。兹接各山消息，后来虽有添设，然大致已定。如两湖地方，共开二百五十八庄，较去年少六十二庄。江西地方共开二百四十庄，较去年少六十五庄。羊楼峒已于三月十六日开秤，每斤只值青蚨三百二三十翼，较上年约减百翼。所有两湖、江西各山庄数，分列于后，两湖庄数：安化四十九庄，内口庄十二，桃源七庄，湘潭、永丰、蓝田共十二庄，长寿街十六庄，浏阳、普迹六庄，醴陵六庄，高桥三十庄，平江八庄，云溪十

庄，北港五庄，聂市十八庄，羊楼司五庄，羊楼峒四十九庄，内口庄六，崇阳十三庄，通山、咸宁共二十庄，沩山三庄，宜昌一庄；江西庄数：宁州九十庄，武宁、礼溪共三十二庄，九江十四庄，吉安六庄，祁门九十庄，河口八庄。

《申报》1894年5月6日

论保全茶业

昨有汉皋友人邮来鲤简，述及迩年华商之业茶者，屡经亏本，以致自寻短见，时有所闻。顾华商之赢亏，其权实为西人所操纵。西人同心协力，每届新茶抵汉口看样后，即会议行情，价若干则购之，否则不购。华商帮口不一，并不聚议，各怀私意，不顾大局之若何。在富而有余者，虽亏本亦售。若资本不足，大半从钱庄茶栈挪来。一闻茶市开盘，索偿者纷纷蝟集，继知亏本则追呼愈急，即不够本，亦不得不贬价以沽。湖南巡抚吴清卿中丞熟悉此情，不忍华商受害，欲使西人不能挟制，特商诸督宪及湖北抚宪，筹集巨款。此后西商所偿茶价，如不够华商资本，一概不准售出。委员分投设局，凡值千两者，由局暂给银四百两，持去开销一切，将茶屯积代售，售毕如数偿银。闻中丞已筹款百万，委候补道庄观察庆艮来鄂办理此事。观察已于三月二十七日戾止，随禀见制抚二宪，请张香帅出示晓谕华商矣。此一举也，可谓尽心于民事，而欲以回天之力挽救时艰，其用心可谓苦已。中国茶业疲至今日，竟有江湖日下之势，凡蒿目时艰者，谁不欲力图挽救？顾华商之所以累年亏本者，固由于西人之抑勒，而华商要亦有自取之咎。余亦曾屡论及之，以前业此者之大获其利，因业此者尚不多，其中弊端尚不深，而西人之受买者，亦未若近来之精细。西人之精细，则中国人自献地图，而其所以自献之故，则大都为妒嫉积嫌而起，一经献出，而西人乃愈想愈深，而华商之底蕴乃毕露。夫西人既已知之，则华商即可改弦更张，力求去西人之疑，而投其所好。所谓失之东隅者，尚可收之桑榆也。不此之计，而仍率由旧章，以致向来名望素著，牌子极老家，亦且不为西人所信。而拖人下水者，其咎大矣。

说者谓中国茶业之坏，坏于外洋，如印度西伦以及日本等处，皆逐渐产茶，故至于此。然日本之茶，味薄而不耐瀹，西人不甚嗜也。印度西伦竭力讲求种植采制之法，然有时据西报述及西医生言，多食或足以致疾，则可知中国之茶，其质地实可以迈越他处。无如杂伪以乱其真，贪做以耗其息，争卖以割其利。此而尽归咎于西人不得也。

西人之购茶于中国，固为利也。经营之道，有利则进，无利则退，是固人情之常，不特西人为然，华人亦何独不然？吾观西人运来中国之货，售诸华人，何独不可仿西人购茶之法，故抑其价，必令其折本而后售，是则谚所谓“货到地头死”，西人亦无如何也。然而西人初不惧此，则以其货为华人所乐购故也。货既为人所乐购，则其价不但不能抑勒，而且立时飞涨，此洋人来华者之所以皆满载而归也。

中国之茶，本为外洋所乐购，故前此华商亦因此而获大利。近年业此者，日益多此争彼夺、此忌彼嫉，以致输其情于外洋，而华商又不改其旧习，致茶业日见其微。窃恐华商之业此者，积习难除，官即为之设局受寄，多筹款项，多费开销。而茶商中之不肖者，反将以欺西人者，转而欺官。且局中人自委员以及司事，未必皆为个中人，极易为其所欺。而分局既多，又难保无不肖之员与乎其间，即曰遴选委员，极为慎重，又难保所用司事、丁役一无私弊。上宪则一番好意，一片真诚，欲救之于水火之中，而置诸衽席之上。而商人等或不体宪意，不顾大局，藉此以售其欺，不且深负宪恩也乎？夫欲保全茶业，必先自讲求茶务始，何者为优，何者为劣，可以一望而知，不容一毫混人。而后一律其价，合则售，不合则不售。果其货为西人所必需，又何患其不出价？而做时必不可存贪多之心，苟有利可获，虽少亦获也，若其无利而折本，则多做者必至多折。此中利钝，商人何尝不知之甚悉。特无如当局者迷，则亦块然如在云雾中耳。

总之，货高招远客，西人此时未尝不欲购中国之茶，而华商之业此者，则从未思及救时之法，而徒忿西人之挟制，抑亦思求人不如求己之谓何耶？余于此事，论之不知几次，今因汉友所述，怅触于怀，不禁泚笔书此。

《申报》1894年5月29日

整顿茶市

九江府属瑞昌县，距郡城八十里，凡茶商之在兴国、通山、宁州、武宁等处，购买毛茶至九江者，必取道于此，船户把持垄断，大有碍于茶商。众商遂公禀瑞邑侯，并请德化县薛明府移文示禁。兹已由瑞昌县陆松溪明府出示晓谕矣，示文颇长，例不照录。

《申报》1894年5月31日

茶市生色

去年华商之办茶者，大受亏耗，今年遂不甚踊跃，各处茶庄顿形减少，山价亦甚便宜，不意剥极而复困极。而□今年各处所产之茶，汁既浓厚，色香味亦佳，突过上年。西人见之，互相争购，绝不迁延观望，故今岁业茶之华商，获利者多，亏本者少。今头茶业已告竣，最获利者，江西则推宁州、祁门两处，两湖则推安化、宜昌。其次则醴陵、浏阳、湘潭、高桥、云溪、北港、咸宁数处，他若长寿、桃源、通山、羊楼数处，无甚盈亏。其亏本者，不过聂市与羊楼峒二处而已。因此二处茶色味不佳，汁亦薄劣，故不能得善价也。

《申报》1894年6月24日

一八九五

茶商踊跃

汉口访事人云，去春茶商大获其利，类皆满载而归，远近商人咸深欣羡。凡富有资本者，每欲合股贸易，以握利源。去秋已有订立合同者，今春各商尤异常踊跃。正月望后，即有购办茶庄者，采烈兴高，大非昔年之比。湘省茶山行户，来汉接客者均云，去冬天气和暖，高山低岭，茶枝未受冰霜，是以欣欣向荣。刻已萌芽渐放，故南北山中茶行、经纪及江西宁州帮制茶师，早已齐集汉皋，以待入山购致。近日，钱价涨至每千值银六钱九分有奇，熙泰昌、厚生祥各茶栈中，业已代商人办现钱各十余万千。静观大局，情形较旧岁必有增无减云。

《申报》1895年3月3日

茶庄计数

汉口信云，今岁红茶商人踊跃采办，冀获厚利，早赴山中开办。惟闻各埠山场雨水调匀，黄沙不起，茶芽舒放，已近开采之期，大约头茶到汉总在四月初七八日。兹就各埠庄数计之，楚南安化十庄，桃源八庄，湘潭十庄，浏阳十庄，醴陵八庄，长寿街二十二庄，聂家市二十三庄，羊楼峒四十五庄，羊楼司五庄，通山四庄，湘阴四庄，平江十庄，宁乡四庄，蓝田、永丰十庄，通城、柏墩、马硚、石门共十庄，宁州一百二十庄，祁门一百二十庄，九江二十庄，共计现在已立牌号者，四百九十三庄。若内地土庄尚不在内，盖远在山场，一时无由访悉耳。

《申报》1895年4月27日

红茶到汉

本月初十日，安化头茶初到一字，系生记、物华、大面，共五百三十三箱，此已列报。十一日共到茶六字。十二日清晨，各茶栈出店，纷纷至茶商栈万分样出盘。当日又到十余字，业已起样，发往洋行交易，但不卜批定何价。兹将十二日已

成盘者数字，附录于下：浏阳、崇祐正贡茗三百七十一箱，二十四两五钱；履泰洋行安化生记、物华五百三十三箱，六十二两；得和洋行，又天成、顺寿眉四百零二件，五十三两；得和，又天顺、长天成五百零八件，五十五两；得和，又唐全泰、如意二百二十一件，五十三两；柯化威又售宁州茶四字，价码六十五两至七十三两，以上共到宁茶二十余字。两湖茶到数：安化九十一字，共三万八千七百二十四箱；聂家市十五字，共六千八百九十九箱；桃源八字，共四千零五十一箱；咸宁二字，共八百二十一箱；临湘二字，共五百二十二箱；湘潭十九字，共七千二百箱；宁乡一字，共六百件；浏阳八字，共三千二百七十七件；云溪四字，共一千一百二十三件；高桥十一字，共六千五百八十六件；湘阴一字，共六百件；平江三字，共一千五百五十三件；北港一字，共一百七十三件；醴陵一字，共五百零八件。四月初十至十二止，共到两湖茶一百六十九字，共计二五箱七万四千六百一十一件。

《申报》1895年5月10日

茶市开盘

汉口访事人云，两湖红茶到汉，初十日，未开红盘。十一日，适逢礼拜。十二日，始开大盘，略售数字。十三日，售出两湖茶七十三字，计二五箱三万三千四百七十三箱。售出宁祁茶十字，计二五箱三千六百八十三件；售出宁州茶九字，顶盘七十八两至七十两；祁门茶一字，得价六十四两；安化茶四十七字，顶盘价售六十两至四十一两止；浏阳三字，计售二十五两至二十三两；北洞售一字，价二十八两；崇阳售三字，价三十六两至二十六两；桃源二字，价四十八两至四十七两；长寿一字，价四十两；平江一字，价二十一两；云溪一字，价二十一两；高桥四字，价三十二两至二十九两；聂市六字，价二十三两；通山一字，价二十八两；蓝田一字，价十九两。十三日，两湖共到茶九十一字，计二五箱四万零九百一十二箱，连前共到二百六十字，计二五箱十一万五千五百二十三箱。宁州共到六十余字。十四日，两湖、宁祁各埠必有大盘可观也。

《申报》1895年5月13日

汉皋茶市

汉口茶市自四月十二日开盘，连日到汉之茶，计宁州、祁门、温州等处，约共二百余字，业已陆续销售一百二十字，计二五箱三万零六百一十件。两湖茶，四月初十起，截至十七日止，共到三百八十一字，计二五箱十七万一千四百七十件。自开盘至十七日截止，共售出两湖茶二百零六字，共计二五箱九万三千五百五十六件，业已过磅成盘。今岁各处山茶，惟祁门、安化、桃源□颇沾利益，其余各埠难以生色，甚有亏本者。日内，安化茶价尚有四十余两；祁门茶价在六十两至五十余两；宁州价售六十五两，似难沾润。温州茶价二十七八两至二十一二两止，湘潭茶价十四五两，羊楼峒茶价三十两左右，通山茶二十二三两，羊楼司二十二三四两，北港茶十八九两，高桥茶二十一二两，浏阳茶二十三四两，崇阳茶二十五六七两，云溪茶二十一二两，他处价亦仿佛。祁门茶获利之由，实因昔年俄商不办，英商办往俄地，大获利益。俄商有见于此，顿改前辙，采办祁门茶，价码略高于昔，此祁茶之所以获利也。又，红茶筛下灰末碎片，名曰花香，往时弃而不用。自同治、光绪以来，西商以之轧成砖块，始得畅销。今岁红茶到汉，各埠花香到者寥寥，以故开盘较迟。十六日，湘潭花香开盘，其价六两、八两，通山花香，开盘六两、四两。至安化、桃源茶味浓厚，将来开盘价，可望八两以外云。

《申报》1895年5月18日

汉皋茶市续闻

汉口访事人信云，西商采办花香茶末，用轧砖茶，销市颇畅。今岁汉上又添花香行一家，以故收办花香最难入手，因之价码腾贵，经此者莫不叹为棘手。近日，云溪、聂市、羊峒各庄所到花香价售六两八九，尚无货到安化、桃源，价售七两以外，随到随销，行业虽美中不足，而藉此不无少补云。今岁红茶到汉，较去岁形似踊跃。自开盘起结至四月二十一日止，共到茶二十八万余箱，不过十天之谱，去岁则只到二十万零，两相比较，则已较去岁多八万余箱。闻产茶之区，只有七八分收成，其来数反多于前者，实由茶商出力赶办。今岁系一鼓作气，去岁则源源而来，

初非茶之倍多于昔也。两湖红茶连日共到三十二万四千零四十六件，共售出二五箱六百零二字，计二十五万一千五百二十件。除销出落盘过磅之外，结至四月二十三日止尚存二五箱七万二千□百二十六件。安化茶价售三十四五至二十七八两，高桥茶价十七八两，崇阳茶价二十两零，湘潭茶价十二三两，聂市茶价十七八两，长沙茶价十六七两，醴陵茶价二十两零，羊楼峒茶价十三四两，通山茶价十七八两，温州茶价二十七八两，祁门茶价四十两零，宁州茶价四十两零至五十两外，河口茶价二十两上下，余埠之茶如旧，惟到货不多，价码稍有起色，获利之区，惟祁门、安化、桃源，其余赚折不一，无大风波，尚称幸事。

《申报》1895年5月25日

汉皋茶市

汉口访事人云，今岁汉口所售南北两省及江西、安徽之茶，只以山价太高，未免客心焦虑，讵知天公做美，所出之茶色香味都美，西商争相采办，随到随销，虽不及去岁之盈余，然已沾什一之利，个中人莫不欣然色喜。日内，安化茶上庄价三十余两，次庄亦二十余两。宁茶上庄价六十余两，次者亦四十余两。祁门上庄价五十余两，次者亦四十余两，余处价与前仿佛。自四月十二日开盘结至四月二十六日止，共到两湖茶八百八十一字，计二五箱三十六万八千零八十件。自开盘至二十六日止，共售出七百七十一字，计二五箱三十一万九千六百四十七件，除售之外，尚存茶四万八千四百三十三件。共售宁祁、河茶六百零四字，计二五箱十五万五千七百三十八件，连日各埠之茶陆续到汉，每日二三十字不等，大约头茶告竣，当在出月望闻耳。

《申报》1895年5月29日

红茶比较

汉口访事人云，今届红茶头二三四字将已售毕，虽两湖之茶逐日源源而至，而闻诸山中解茶来汉者，头茶山内已片叶无存，刻下汉口货存不多，安桃各埠之茶，上庄价仍售二十余两。宁祁之茶，上庄价亦五十余两，西人分别等差价，不妄批实，近来交易信实之大概也。溯自去春头茶与今岁头茶，两相比较，去岁三月二十

七日起，至四月二十三日止，共计二十六天，共到两湖茶一千一百二十七字，计箱四十三万六千四百九十二件，计二十六天，共售出两湖茶八百二十三字，计三十四万六千一百七十七件。又售出宁祁、河茶六百十九字，计箱十四万九千六百七十六件。本年四月初十起，至五月初六日止，共计二十六天，共到两湖茶一千二百十四字，计二五箱四十七万七千八百六十七件，共售出两湖茶一千一百零五字，计二五箱四十三万四千七百六十五件。又售宁祁、河口茶八百九十九字，计箱二十一万八千六百五十四件。两相比较，时日均同，较去岁多到茶一百余字，多售茶八万余箱。即此观之，则茶务之起色，可见一斑矣。

《申报》1895年6月8日

头茶已毕

汉口访事人云，两湖、宁州、祁门茶自开盘迄今，共售出二五箱四十余万件，较之去岁有盈无绌。茶商虽不及去岁获利之丰厚，亦不致枉抛心力。刻下每日到有数字或十余字，均为四五字之茶尾，叶片粗老，香味不及从前。至安化、桃源二处所出之茶，价仍二十余两。醴陵、湘潭等处，亦可售至十余两。浮梁巨腹贾尚有余利可沾云。

《申报》1895年6月12日

子茶将头

红茶采折，岁有三次。谷雨时所采者为头茶，叶嫩味厚，得先天之正气，蓬勃而生。约至三月底四月初旬，山中产户一律采摘尽罄，做成红茶以售，名曰头字。四月后，萌芽依干而生，约计半月之久，仍就舒发满树，稍逊头茶之嫩。端午后采摘成条，谓之子茶，较于头茶约少一半。六月再采者，名曰禾花茶，盖以禾苗杨花，时茶叶舒发，可供采取，因以为名也。迄今，汉口、两湖头茶已毕，子茶将到大约二十以外即可抵汉开盘，但今采办子茶者较头茶为少。因茶庄见山价太高，恐有耗折，然而交易营谋全凭宏运子茶获利，当拭目以俟之。

《申报》1895年6月18日

茶业整规

汉口自通商以来，以茶业为首务，规模宏大，过于他货。自昔六帮倡修茶业公所于小关帝庙前河街，中设司事十余人，专管茶务出入数目、过磅、视磅等事，庶免欺蒙之弊，法至良也。今届红茶各稍获利，莫不欣欣色喜，缘山价高昂，较客岁约贵三股之一。洋商因今年货物颇佳，所以价码较去岁有增无减，以故鲜有亏折之家业。今头茶自头字至四五字，将已售罄，所余之茶不过数万，业已成盘。未过磅者，西商忽生枝节，不云货色头面不符，即云箱面水渍潮坏，种种弊病，无非退盘打折，每担茶约踹价三五两、十两者。茶商不允，以为交易不公，爰集六帮同人齐集茶业公所，共商划一章程，议得新泰、顺丰二家暂不发样。有执事者谓，新泰尚无紧要，惟顺丰暂停样办，议妥后，再行交易云。按茶商整规，去岁曾经办过一次，系俄商百昌洋行因打扳矮价，公议不准发样，后经广商调处，始能交易如初。

《申报》1895年6月18日

茶业整规

汉口访事人云：西人购办新茶，议定价值后，动辄阅两三礼拜之久，始能过磅。及过磅毕，瀹以复验，指摘万端，稍有不合，即欲退盘，俗谓之打扳。计红茶每担，轻者三两、五两，多则十两、八两。茶箱过多者，一经打扳，势必耗费千金，此等情形殊属有碍市面。前者茶商数家因被退盘，耗本甚巨，因即柬邀六帮同人共筹长策，无奈人心不一，只图苟安。当茶业公所辟门议事时，竟有数家不至，只某姓茶商秉公议论。嗣见众商因循推诿，自知孤掌难鸣，当众告辞，不愿充茶帮会首。众商不得已，共议章程三条，禀请江汉关榷使恽观察转咨英、俄诸领事，饬各西商签字，以杜弊端。章程中大略谓，华商之茶，已将价议定，只能于一礼拜内过磅，不得推托，栈房无地堆存，庶免节节推延，有碍生意。过磅既毕，即当众瀹以验叶之佳否。如有不合，立即退盘，不得延至数日之久，务须公平交易，彼此无欺。章归划一，共守始终云云。

按红茶一业，自咸同以来，茶商均沾微利，故大商小贩，莫不踊跃争先，迟至

于今，大非昔比。退盘、打扳苦累不堪，幸今得设立公所，遴选精通西文、西语者监视过磅，尚不致于暗中亏折。……

《申报》1895年6月28日

一八九六

茶市述闻

汉口采访友人云，昔者鄂省红茶开市时，各路茶商皆携银至汉口，向各钱店换钱，以供入山购茶之用。兹者钱贵银贱，茶商受累实深，遂相与互商，另筹新法。凡入山购茶之客，以钱银各半付茶户。茶户素仰茶商鼻息，无不唯唯顺从。羊楼峒为茶庄荟聚之区，日来茶市初开，小本营生者流，无不趋之若鹜，赌场烟窟更复棋布星罗，而乡里女郎藉拣茶作生计者，尤易拈花惹草，平地生波。省宪因委王君士鉴前往弹压，以期防患于未然。

《申报》1896年4月13日

茶市述闻

三月二十六日，汉口来信云，九江茶市于二十四日开盘，计祁门茶每担银四十九两，茶样于二十六日到汉。至汉市，约再迟四五日始开盘。

《申报》1896年5月12日

茶市余闻

去岁，两湖红茶总计五十二万余箱，本年计少十万箱之谱。然现经售出者，则又仅止二十万余箱。湘省之安化，寄存尤多，闻其中折本过甚。目下两湖二三次红茶，均已陆续到汉，俄商适做皇会之期，因此暂停交易。闻祁门二三次茶，均已售出，价盘仍在五十两之外，获利颇厚，刻计湘省连批茶盘，均不凑巧，惟平江尚属平平。鄂省则以咸宁、蒲圻等处，稍为得利，同一生意而利不利，竟相悬绝如此，

《申报》1896年6月1日

汉皋茶市近闻

汉口载茶赴外洋，系和众公司之安化轮船首先开放，共装茶五千三百吨，于本月二十四日之夜，行过吴淞，目下获利与否，尚未可知。惟闻本年茶市所销少于去年，计至目前为止，各洋行只购去四十万零九千八百四十箱。回溯去年，已售至六十五万六千六百七十箱，两相比较，实少去二十余万箱。且近日梅雨滂滂，以致所出之茶，色香味皆不及从前之美。有俄船名杀拉倒夫者，在汉口装茶，日内即将开往俄国矣。

《申报》1896年6月7日

上海茶商情形（1896年）

中国茶业日坏一日，盖厘金与出口税重，实有以累之也。厘金与出口税重，何以能为害于茶业？有明证焉。俄商购进茶砖，税较轻减，而（光绪）二十五年以来，出口之数日盛，观此不可知茶业之所由衰乎？故使茶税与厘金不即整顿，则茶之出口者必日少，数年之后，恐归于尽矣。今各国人之嗜华茶者，盖窃窃以为虑，因华茶之外，有印度与锡兰茶。华茶细，印锡茶粗，一旦舍细而就粗，譬如人夙风雅，乐而进之，以巴人下里之曲，自格格而不相入也。然我英人当引以为喜，盖华茶衰，而印茶兴，中国之患，英国之利也。

《皇朝经世文新编（二）》卷十下《商政》

徽属茶务条陈（1896年）

何润生

谨将前在歙县署任内，遵饬查复徽属茶务详细情形及完纳厘税章程，究明利弊原委，节略录呈钧鉴。

计开：

徽属种茶者，名曰山户，出茶之盛衰，关乎人工之勤惰者半，关乎天时之呵护者亦半，纵人工培植惟勤，设遇冬令天气大寒，树木受伤，来年茶叶即难茂盛。摘茶之时，若逢阴雨过多，茶质亦损。山户零星，其茶卖于螺司，聚有成数，然后卖于行号。螺司者，山中贩户之俗称也。

徽属产茶，以婺源为最，每年约销洋庄三万数千引，歙、休、黟次之，绩溪又次之。该四县每年共计约销洋庄四五万引，均系绿茶。祁门每年可销洋庄一万余引，专做红茶。各该县中，又以北乡婺源所产者为上品。红茶只有一色，绿茶内分三总名，曰珠茶、曰雨前、曰熙春。熙春内分四等，曰眉正、曰眉熙、曰副熙、曰熙春。雨前内分五等，曰珍眉、曰凤眉、曰蛾眉、曰副蛾、曰芽雨。珠茶内分五等，曰虾目、曰麻珠、曰珍珠、曰宝珠、曰芝珠。各名色中，以虾目、珍眉为品之最上，凤眉、麻珠次之，眉熙、珍珠、蛾眉又次之，宝珠、副蛾、副熙更次之。最下乘者，芝珠、芽雨、熙春三等，皆为洋庄，均内用锡罐，外装彩画板箱。箱分三名，曰二五双箱，连罐计重不过十一斤有奇；曰三七箱，连罐计重不过十二斤有奇；曰大方箱，连罐计重不过十五斤有奇。三七箱高一尺四寸，宽一尺二寸；二五箱比三七箱小一码；大方箱比三七箱加一码，胥有准式，阔一尺二寸，每箱可装细茶四十余斤，粗茶三十余斤。徽茶内销不及十分之一二，专用篓袋盛储。茶朴、茶梗、茶子、茶末居多也。

茶以一百二十斤成引，每引完正课银三钱，公费银三分，厘捐银九钱，又公费银五分，另捐输银六钱，共银一两八钱八分。现名之为落地税。上年因日事需饷，每引暂加捐银三钱六分，悉由皖南茶局统收分解。至公费八分，内以三分归各分卡，收济局用，以一分解归徽府，作弹压办公经费，其余四分，悉归总局一切开支公用。歙、休、黟之茶，均由新安江行运抵浙境之威坪首卡，每引抽收厘捐二钱。光绪二十一年为始，加抽银八分。又另抽税关税银一钱，杭引课银三分四厘，再由威坪运过浙江绍兴府界，始达宁波，逢卡验票，不复重抽。抵宁后，即在宁波新关每百斤预完出口全税银二两五钱。设运至杭州过塘，径由嘉兴内河直抵上海。又须每引加纳浙江塘工捐银五钱，以故各商舍过杭之捷径，而绕行宁绍之远途，盖为此耳。婺源洋庄绿茶，祁门洋庄红茶，均由鄱阳湖行运抵江西之姑塘关，每百斤完常关税银二钱六厘，规费银七分。抵九江新关，仍须预完出口全税银二两五钱，此洋庄茶现在完纳课厘税捐之定章也。至内销如茶朴、茶末、茶子、茶梗等类，不完落地总税，惟逢卡抽厘而已。过屯溪厘卡，每百斤抽厘钱一百文，街口厘卡抽厘钱一百文。浙之威坪厘卡抽厘钱三百余文，严东馆厘卡抽厘钱一百五十余文，杭属厘卡抽厘钱三百余文，嘉属厘卡抽厘钱一百五十余文，此内地本销茶抽收厘金之定章也。

光绪十七年分徽属红绿茶，共销八万五千四百余引。十八年分销八万六千三百余引；十九年分销八万九千四百余引；二十年分销八万七千五百余引；二十一年分销十一万引。此近年来销洋庄茶之实数也。

前三四年中，各茶商稍沾微利，如上品之虾目、珍珠等茶，每百斤向可售银八十余两。近亦售银四十余两，而去年仅售银四十余两。如下乘之芝珠、芽雨、熙春等茶，每百斤向可售银十五六两及十二三两不等，而去年仅售银八九两及六七两而已。山价廉而售价高，则获利较丰。去年山价不廉，行号开设太多，炮制未能纯美，争先售买，又复不少，因而百无一人可沾余润，甚有坐本全亏者。果能同心协力，认真拣选贩运，一切均有定规，即可获利。此近来茶商盈绌利钝获利不获利之原委也。

遵查粘钞内开刘中书陈外郎条陈各利弊及补救之方，语语皆真，条条可法。若必饬商议妥而后行，决无创行之日。缘商人中深明大义者十不获一。况茶务非盐务可比，销无定地，商无定人，有利则趋之，失利则避之，往往各图私便，各吝己资，主议大局者只知大公，而与议者每执己见，非官为主持力全大体，不为功也。

徽地素产绿茶，绿茶名色不一，机器能否制造，茫无把握。招商购制，力多不及，承办无人。仅闻汉口现有置备机器制造茶砖者，大都宜于红茶。若能派令茶师密赴印度，得其制法，果于绿茶相宜，再行试办。至机器专为焙炒、压制之用，于山户采拣人工两不相关，自无彼此不安之理也。

设立茶政局，事权归一，明定章程，用得其人，众商自愿，商务振兴，可拭目以待。第恐局自为局，而商自为商，则无益矣。若能举熟谙商情，实心任事，扫却官场习气，洞知利弊者为之局员，庶乎其可。或上海立一分局，必须招致现在开设茶栈四人为司事，优给薪资，予以劝惩始妥。查徽茶运抵春申，素投由茶栈转售于西商，此栈并不存储茶箱，专为代客卖买，缘该栈东伙人等，素识西商，兼晓茶务，又能赙付水脚，借济资本，故售得百元，抽洋二分，以充栈费。又上海另有茶业公所不问茶事，每百斤专收洋一分，充为所用。今既立局，则该公所可裁，各商运茶到沪，责令赴局挂号，由局酌派司事代售。如须赙付水脚，借济资本，因局筹应，将来即在商售茶价内，计利扣还。至素出之栈费二分，所费一分，仍旧照收，

以二分充局用，以一分奖犒各司事。设局用不敷，可于茶局四分费内匀均拨用。局员办公薪水宜从丰厚，功过宜严。司事不可滥用私人，胥役只供驱叱，不准稍加事权也。

颁行茶引，折衷定数，不准溢额，以运到之先后，按批挨销各节，命意在保护茶务。恐各商漫无限制，任意争设，跌价抢先，有亏血本，事固可行。第其中不无窒碍，如盐之能定额请引者，因煎有定灶，产有定例，商有定名，销有定岸，计口授食，不难按滋生之册，约略概其大数。况又权自我操，而茶则非是。山户之种植，不一其人，年岁之丰歉，决难预计。倘茶丰而引少，茶将无可销之路。或引多而茶歉，引又为废弃之端，斯殆小焉者也。缘产茶之区，非仅中国，而销茶之处，又属外洋，既不能逆料出产之多少，又不能计彼行销之畅滞，此所以难于颁引定额。论者谓一经改引，即须按年认课，又须完纳厘捐，商力不支，决不能行等议，以为无须请引之词要，皆皮毛其说耳。至于按批挨销，原为跌价争售而设，遵而行之，谁云非善，第其中亦多未便。因绿茶名目不一，人之嗜好不同，西商有喜购此种花色者，有喜购彼种花色者，有先到之花色尚未利行销者，有后到之花色已可畅销者，既不能强令照购，即断难责令挨销也。就其不可遵行之中，而拟一可以保全之策，莫若仿泰西准商专利章程为便。查徽地茶商，率多散漫无稽，世守其业者固有之，而逐年更易其人者亦复不少。如商本重大，开号已久，尚知顾全大局，认真拣制，冀保本号声名。西商以信为主，往往见素有声名之牌号、茶箱运到，逆知其货不甚驳杂，即愿高价受买，彼素无声名者则不能。故同一花色，而价判低昂，足见各商急宜自修自保。惟商情不一，人心莫测，每有微本新商，一见本栈牌号不利行销，每诡其所谋，暗盗他人牌号，标判茶箱，妄存希冀，减跌争售，不一而足，败坏市面，莫此为甚。亟宜饬局查明各产茶之地，额定商栈之数，由官给发印照，定其牌号，始准开设。自此次招定以后，只准报歇，不准私添。该商等所立牌号，准其专利若干年。如在专利年限内有他人盗其牌号者，准禀官比例治罪，似此则各商等知无他人可与争衡，亦无他人可以添设，必能各自振作，各保声名，各加讲究，各图利益，庶可挽回于万一。既额定商栈，必须举一总商，或随局办公，或住公所经营规条，兼以联络官商声气，稽查各商制茶优劣，则官与商无隔阂之情，商与商有争自琢砺之意，欲杜盗牌号之弊。又应仿照镇江抽收桐油捐，按桶粘贴印花一法。若茶已成箱，由各商报由总商向局请发印花，填定本商牌号，不准预请空白。不经局书之手，不准局使需索硃（铢）费，违即禀究。将所请印花粘贴各本号茶箱箱面，运抵上海，由局对验印花捐照是否相符。设有冒名，一望便知，立予惩

治。自无盗人牌号之虑，可期各自认真交易，未始非补救之一得也。

添设小轮，拖带茶船，以免风雨阻滞，诚为茶商赶帮行运之要策。查徽府所属六县，惟婺、祁两邑地接江西，所销洋庄茶船，必取道于鄱阳。今既由该省绅士禀请，援照内河成案，分设小轮行驶。该茶船自可一律拖带，无容更议，行见该二县茶商爻占利涉，永无望尘不及之虞。其余四县，毗连浙省，洋庄茶船必须取道于徽之新安、浙之严陵、富春等江，再达钱江。新安至严陵，计程四百余里，内不下百余滩，小轮万难创设，惟所幸滩虽多，尚无更舟起驳之劳。由严陵而抵钱江，计程二百余里，乘风即速，无风犹可拖纤，亦无十分阻滞之虞。惟行走内河绍兴，则必须抵义桥搬运过塘。及到曹娥，仍须过坝，不数里又过百官坝。数易其船，由百官抵余姚县属，复有河清、横山、马车、陡马等坝堰，不一而足，由是始达宁波。及到宁，上栈下栈，装入海轮，甫入沪渎，下轮存栈，种种烦难，因而茶箱每多破损。不独修整需工，抑且易启西商挑剔之隙，似此徽茶成本较重于他处，而获利良不易。苟准徽茶由杭嘉内河载运抵申，则前项苦境，胥于是免，仍照宁绍各卡章程，验票放行，洵为体恤徽商之根本。其不敢径由杭嘉行运者，实为过杭必须加纳塘工捐银，以故各商舍所易而就所难，商之较及锱铢，出于不得已耳。伏思塘工捐款，固为正用。第现在海塘大工，早经告竣，所有岁修月修等费，亦复无多。该省前有议定的款可以挹注。况此项塘捐，虽有征茶之虚名，而无抽收之实济，咨请停止，应无不可之理。何则，方今朝廷亟以振兴商务，垂念商艰为第一要义。凡食毛践土者又当仰体宵旰焦劳之至意，为业茶黎庶一洗积习而空之，庶几保此项利源。孰云非是，论者谓一准徽商径由杭嘉内河用小火轮拖带到申，则宁之新关即少出口洋税，议由改归皖局代收拨解宁关等语，恐未尽妥。查出口洋税，虽归关督经理，实则税务司主之。非通商口岸不能派设税司。且出口洋税单非由税司签字，不能照验放行，因难代收其税。至洋关税单，西语曰拍司。论者又谓恐徽茶准由杭嘉行运，难免奸商夹带内销之茶，混杂其间。然内销之茶与外销之茶，判若天渊。外销洋庄箱罐装潢成本极重，色味又属两途。内销装储尽用篓袋，炮制异宜。况洋庄在徽起运，即须完纳落地总税，内地各茶逢卡抽厘，若舍厘之轻而就税之重，愚者弗为。兼之茶船过卡例须查验，验明果系洋庄，与落地茶引相符，始准放行。设有夹带，仍可令其照章完厘。虽有夹带亦奚裨也。总之，洋庄茶非完出口全税执有拍司，税司不准装载出口，法至严也。今准徽茶改行杭嘉内河，径达申江。该茶商到申，必须在江海新关完纳出口。洋税得有拍司，方能售卖，何容虑及洋税之偷漏也。各关出口税则，向无重轻，亦无趋避。况洋税系尽征尽解之款，又非若本关常

税各关督有包征赔累之责可比。且茶之出口洋税，不完于宁海关，即须完于江海关，毫无区别也。

徽属产茶各县，向无山捐、箱捐名目。现在亦无善堂、书院各项外销捐款。惟婺源县书院，每年膏火银四百两，屯溪婴堂每月经费银六十两，系由茶局于所收落地总税内提拨，分给院堂充作公用，历经遵办在案。遵查部议，饬将茶捐外销款目立予全裁。俟此次查照条陈，切实核议，分别举行，试办一二年。如果难有把握，即将各该省所收茶厘数目，奏请核减，以成兴复茶务之盛举等因。在大部统筹兼顾，洞知华茶非减轻成本不利行销，因而先准全裁外销捐款，以试其端。若果行无把握，仍准奏减捐厘，原不欲过事累商，致废茶务。仰见苦心孤诣，足令中外商民观情雷动，一齐俯首。但徽茶现无外销捐款，莫可议减，与其俟试办一二年难有把握，再行核减，势必衰败更甚。所谓临渴掘井，何如未雨绸缪，第今当公款支绌之时，又乌可妄议求减，应否先将上年每引暂加之捐银三钱六分一款，及浙省之威坪卡每引续增捐银八分一款，或予量减，或予全裁，使各商暂苏喘息，责令精研采制，畅其销路，夺回利源，将来不再核减，亦属曲突徙薪之请，能纾一分商力，即畅一分销路。疏销之法，不外减轻成本；裕课之方，不外体念商艰也。抑更有说者，如茶朴一项，本系内销之物，前经茶局仿照洋庄茶式，提捐落地总税一二年。每年计引无多，论者谓恐奸商偷运，充作洋庄，意固周矣。第洋庄与内销装潢迥别，必难混淆。查茶朴系茶中渣滓，所值无多，能于拣净，茶即纯品，各商因拣出茶朴，仍须提完一二成总税。贪利小商，往往怠于提拣，茶品未能提美，茶价即难增色，亟应减免茶朴提引之税，俾可责令认真挑选之工，未始非精益求精整顿之一策也。

查各商将茶装箱后，赴局报捐，局中必提出一箱，令其拆口去茶，称验箱罐轻重。如一箱有若干斤，则众箱准此为法，名曰去皮。凡行过关卡均如斯办法。在当局以为简便，实则各商已苦烦苛。须知洋庄茶箱本有定式，无所高下。此后各箱须遵定式颁行各关卡，箱凡三等：曰二五双箱，去皮若干斤；曰三七箱，去皮若干斤；曰大方箱，去皮若干斤。永为去皮定章，即免提箱过称之烦，较更简便。至应完出口洋税之关，仍循旧提箱去皮，事既无碍于大局，而隐便商民，自非浅鲜。如江西姑塘关连皮收税及沿途各常局卡司巡需索等弊，叠经该商等控奉督宪批饬查禁有案，无如日久难免玩生。且更换一员，则后来各司巡茫然不知前禁，率多故态复萌。莫若将禁令勒石各关卡处所，则人人得触目警心，从此百弊永除，是亦曲体下情之一道也。果能悉遵部议之可行者实力而行之，局员又用当其职，何患有病于茶

者。病不去，有利于茶者利不兴。以上各层，或得之于谘访，或察之于商情，或参之于愚见，未知当否。伏乞采择核议施行。

（清）陈忠倚辑：《清经世文三编》卷三十二《户政十》，光绪石印本

一八九七

整饬皖茶文牍（1897年）

程雨亭观察请南洋大臣示谕徽属茶商整饬牌号禀

敬禀者……春杪抵皖，即将畴曩各分卡扰累茶商之蠹毒，锐意廓清，尚恐阳奉阴违，为之勒石永禁，以垂久远。又访得西皖各厘局，向有需索经过茶船之弊，分晰开折，禀请均示严禁。而皖南所辖，向设验票之分卡，名为稽查偷漏，徒索验费，而于公无甚裨益者。如婺源运浙之茶，道出屯溪，向有休宁分局查验，及垯厦巡检衙门挂号之举。屯溪各号之茶，向章经过歙县所辖之深渡分卡秤验，行经迤东五十里之街口，又复过秤，似稍重复。职道厘定章程，凡婺源、屯溪各号之茶，通归街口分卡查验。此外一概豁免，以归简易。业经分别示谕，并呈报宪鉴在案。皖南茶章，向由各分局派司事巡勇至各商号秤箱点验，不免零星小费。本年札饬各分局，勒石示禁，而屯溪、深渡附近各号，职道遴派司巡秤茶，每次司事给洋一角，巡勇给洋五分。道路稍远者，酌给舟车之资，申儆再三，不准向商号毫厘私索及纷扰酒食等事。既优给其薪饩，复示谕乎通衢。凡来局挂号请引之行伙钱侩，职道皆切实面谕。惟恐有蒙蔽……徽属茶号，以屯溪为巨擘。本年开设五十九家，其世业殷实者，不过五分之一，余多无本之牙贩。或以重息称贷沪上茶栈作本，或十人八人醵借数千金合做一帮。有每年偶作一帮，而二三帮均停做。或易伙接替者，奸侩往往以劣茶冒老商牌名，欺诳洋商，搅乱大局，莫此为甚。皖南歙、休、婺三县，及江西之德兴，向做绿茶，花色繁多，不能用机器焙制。徽之祁门、饶之浮梁，向做红茶。比来各省红茶，间用机器。祁门万山错襍，购运颇不容易。浮梁山径虽稍平衍，亦尚无人购办。盖试用茶机，必须延聘外洋茶师，华人未谙制法，有机骤难通用。本年浮祁红茶，均大亏折，幸俄商破格放价，多购高庄绿茶。茶价之最佳者，每担可获利十五六金，低茶亦每担五六金，为同光以来三十年所仅见。职道拟因势利导，饬令仿照淮鹾章程，请领宪台印照，方准运茶，无照即以私论。印照分正副号，歙休业茶之老商，正号印照一纸，报效五百金，副号报效三百金。高茶用正号，次茶用副号。其向未业茶而愿领照者为新商，正照则报效八百金，副照五百金，以委防加捐等事。新商向来派及，照费酌加，以昭平允。歙休二邑茶号约百家，婺德二邑约二百家，号多而本极小。老商请领正照，酌议四百金，副照二百五

十金。新商则正照六百金，副照四百金。拟详请宪台奏明。此举系为茶务起见，每号领照以后，准其永远专利，公家一切损项，十年以内，均不科派。领照各号，无论盈亏，每年必须办运，不准停歇。或本号实无力运茶，准其呈明茶厘局，转报宪台，租与他人承办。报效银两，准其援照新海防例，请奖本身子弟实官，不准移将他姓。商号牌名，宪署立案，各归各号，加意拣选，不准假冒他号，以欺洋商。如此明定章程，各自修饬，或者退盘割磅退税诸弊，亦可渐向洋商理论。此先治己而后治人之意也。窃思各省牙行，尚须以数百金请领部贴。茶事虽受制于洋人，而资本较牙行为重，酌令报效济饷，似非意外掊克。若歙、休、婺、德绿茶各号，先办领照，约可得八万金，再推办浮、祁红茶，似与公家不无小补。乃事不从心，其愿领照者，只寥寥老商数家。而无本之牙贩，闻职道创建此议，恐不便其掺杂作伪之私，蜚语烦言，互相腾谤。有议来年移徙浙境者，有议买通洋侩挂洋旗者，有欲与通晓茶务之老商为难者。人心险诡，一至于此，可为太息。……窃见夫茶事之坏，此攘彼攫，欺人而适以自欺，非整饬牌号，执为世业，不足以维江河日下之势。因与屯溪茶业董事四川补用知县朱令鼎起，再四筹商，朱令亦以为然。……伏思皖南茶税，歙县、休宁、婺源、德兴绿茶约三分之二，祁门、浮梁、建德红茶约三分之一。职道前议徽属绿茶各号，饬领宪台印照，分别报效银两，各整牌号，执为世业，无照即以私论。每届成箱请引之时，由局派员秉公抽查。如茶箱内外牌号不符，由茶业公所公议示罚。华茶行销泰西，销市之畅滞，非中国官商所能遥制，此次只拟饬领印照，不限引数，以恤商艰。报效银两，拟请援照新海防例，准奖本身子弟实官，不准移奖他姓，亦因华商力薄业疲，既令整饬牌号，各领印照，分别报效，似应破格施恩，以奖励为维持之计。徽属绿茶各号领照一事，倘或办妥，将来祁门、浮梁、建德红茶，亦可次第举办，推之皖北及江西之义宁州，并浙、江、湖、广等省，似可就产地情形，酌量办理。刍荛之见，伏希宪台鉴核。……

再，整饬茶业，似首在各茶商各整牌号，讲求焙制，不再以伪乱真，外洋自必畅销。销路既畅，商号放价购茶，各山户亦必加意培护炒焙，不再以柴炭猛薰，或惜工费，日下摊晒，致失真色香味。似整饬山号牌名为第一义，山户其次也。至茶质高下，各有不同。徽产绿茶以婺源为最，婺源又以北乡为最，休宁较婺源次之，歙县不及休宁北乡，黄山差胜，水南各乡又次之。大抵山峰高则土愈沃，茶质亦厚。此系乎地利，雨旸冻雪，又系乎天时。山户穷民，鲜能讲求培护炒制者，绿茶以锅炒为上，火候又须恰好。……

请禁绿茶阴光详稿

兹据徽属茶商李祥记、广生、永达、晋大昌、朱新记、永昌福、永华丰、馥馨祥等禀……查屯溪为徽属绿茶荟萃之区，历来不制红茶。其红茶应如何整顿，毋庸议及。第以绿茶而论，婺源、休宁所产为上，歙次之。洋商谓中华茶味冠于诸国，洵非虚誉。乃近来作伪纷纷，致洋人购食受病。何也？绿茶青翠之色，出自天然，无俟矫揉造作，以掩其真。故同治以前，商号采制，惟取本色，洋人购食，亦惟取本色，其时并未闻有食之受病者。迨同治以后，茶利日薄，而作伪之风渐起。不知创自何人，始于何地。制茶时掺和滑石粉等，令其色黝然而幽，其光炯然而凝，名之曰阴光。称谓新奇，竟获邀洋商鉴赏，出高价以相购，而本色之茶，售价反居其下。于是转相效尤，变本加厉，年甚一年。纵有持正商号，始终恪守前模，方且笑为愚而讥为拙。狂澜莫挽，言之寒心。夫阴光之茶，胥由粉饰，藏之隔年，色无不退，味无不变，香无不散，食之何怪乎受病。本色之茶，未经渲染，藏之数年，色仍不退，味仍不变，香仍不散，食之何致于受病。此泾渭之攸分也。洋商知华茶之作伪，而未知阴光即作伪之大端，不舍阴光而取本色，虽严进口之防，犹治其末而未探其本，能保作伪者不侥幸于万一哉。然则去伪返真，只在洋商一转移间耳。嗣后沪上各行，于购茶时，诚相戒不买阴光，专尚本色，则阴光之茶，别无销路，谁肯轻弃成本，不思变计，将见掺和混杂诸弊，不待禁而自无不禁矣。商等仰体整顿茶务之荩怀，用敢不避嫌怨，据实具复。……职道访询业茶之老商，同治以前，焙制绿茶，不过略用洋靛着色，洋人嗜购，无碍销路。光绪初年，始有阴光名目，靛色以外，又加滑石白蜡等粉，矫揉窨成，茶色光泽，斤两益赢。当时外洋茶师，考验未精，误为上品。华贩得计，彼此效尤，日甚一日，变本加厉。本年休宁县茶五十九号，只向来著名之老商李祥记、广生、永达等号，诚实可信。歙县三十余号不做阴光者，益寥寥难可指数。闻滑石、白蜡等粉饰之茶，不特色香味本真全失，未能耐久，即开水泡验，水面亦滉漾油光，饮之宜其受病。该董朱令与该商李祥记等公同议复，拟请嗣后沪上各洋行购运绿茶，不买阴光，专尚本色，洵属去伪返真，抉透弊根之论，理合据情详，请宪台鉴核。……自光绪二十四年为始，凡各国洋商，来沪购运绿茶，秉公抽提，各该号茶商，均以化学试验。如再验有滑石、白蜡等粉，渲染欺伪各弊，即将该号箱茶，全数充公严罚。一面札饬江海关道，函致该关税务司，传知上海向买华茶之怡和、公信、祥泰、同孚、协和等洋行，遵照办理。

再……职道前拟整饬徽属绿茶牌号，饬领印照，报效银两，执为世业，禀请宪辕出示剀谕各情，奉批。督董与各商妥为议定等因。此案本年夏秋之交，该董朱令集议公所数次，商情悭鄙，迄未就绪，是以拟仗德威，示谕饬遵。现既未蒙颁发钧示，又复详请禁革绿茶阴光锢弊，无本牙侩觖望，恐报效领照，骤难允洽，只可缓议。又浙江平水绿茶，洋销颇广，近年阴光渲染，闻较徽茶尤甚，拟请随案汇咨，一律严禁，合并附陈。

（编者按：程雨亭于光绪二十三年主持安徽茶厘局，罗振玉辑录其禀牍文告，汇为一卷，题名整饬皖茶文牍，并为之序，收录在《农学丛书》中，全书约14000字，删辑如上）

（清）程雨亭：《整饬皖茶文牍》，《中国历代茶叶史料选辑续编》，第195—200页

鄂中茶市

汉口采访友人云：白墩、祁门、宁州、通山、聂家市诸埠红茶，业已开盘，计宁州茶每担三十八九两至四十八九两，祁门茶四十一两至五十三两，通山茶二十八九两之谱。至安化诸处新茶，约计本月下旬可一律抵汉矣。

《申报》1897年5月20日

西报论茶

广州博闻报云：中国之茶销售外洋者日衰，恐不久全失其利矣。而印度之卡路吉打与锡兰山二处产茶，递年增多。西报曾苦谏中国急免厘金，以挽回茶利。惟华人不以为意，若饕餮之徒，宁杀肥鹅而烹食之，不肯宽待而常拾其所产之卵也。英商之集于中华茶市者，由众而寡，显为此事之证。华人岂不知之？然全不介意者，岂反以英商不来而快于心乎？中国茶务之将亡必矣，不特华人不以茶务渐衰为虑，而征税之员明知茶税昔多而今少，□不以为意。此辈但知教茶农考求种茶制茶之法，而不思茶税之重为第一弊。

试取华茶之销于英市者论之，光绪二十二年，由中国直往英国者，只得二十一

万九千四百零九担。其上一年则有一百万担，相去几至五倍。今年春，九江、汉口二处，出茶较上年为盛，第一稔所收者约得五十五兆磅。前英商买茶递年减少者，俄商增多而补之。惟闻俄国所存茶叶太多，今年能自中国添买者不过上年之半。尚余二十七兆五十万磅，须销流于英、美二国，然上年二国共销华茶不过一十八兆五十万磅，今年出茶过限十兆余磅。若不大减其价，则难脱手。但茶价贱，而厘税又不稍减，茶农之不伤本者鲜矣。

又，厦门英领事官傅冷卡士君，尝将各处茶务详覆英廷，其言足令闻者感伤。彼云：光绪二十二年，厦门乌龙茶共得一兆二亿磅，比其上一年减少百分之五十五，犹恐今年减少更甚焉。过今年之后，更恐不复成茶市矣。此处种茶之郡县，多已抛荒，而茶田更有全坏者。卡士君又指出其弊之由，盖谓制出一兆余磅之茶，值银不过一十三万六千元，厘金抽至二万元，出口税抽至三万五千元，两共抽银五万五千元，已居茶价三分之一。至其邻国日本明于先见，去年将台湾之茶税减作每担抽税一元一角二分，而中国仍固执其五元八角一仙之税，此为中国之失策。夫阅历深则知识进，邻国强富自发奋，而中国独不然，将来茶利俱亡，悔将何及矣。十年前，厦门共产茶二十七兆二亿余磅，距今二十余年，例当增多十数倍，不料反减十数倍。卡士君又述识时务者之意，曰中国茶务之弊，非天下最巧之机器所能救，除必将厘税全免，又兼用机器，或始有济耳。译香港《西字报》。

《申报》1897年8月1日

茶　务

……茶之美劣，以其中之□类香油，二要质之分数为定□□，名替以尼（即茶叶之精）能感人之脑筋，使人神清意适。香油名替哇尼（茶中易熬之油），生叶中原无此物，全赖烘焙时，由他质化成，热天则随□耗散，热小则化成无几。即一人一时，所烘焙之茶，含香质之数亦不同。必须将每次所烘焙，随时化分，得其□□之真□，则成色方有把握。然后标签列号，可与各国之茶品，确实比较，方得我货之真之精，不致利权外流。

六做净。烘透之后，即当做净，而后装箱。粗茶细做，细茶粗做，务使长短接续，筛路整齐，无粗细不匀之弊，□能入目可观。其始也，用提筛，徐徐筛出，当顺其自然之性，用腕力宜图缓，而不宜过疾，过疾则碎。提筛之□□，付之细筛，提筛之上者，付之打袋，手打过，又从而筛之，长短粗细，由是分焉。使其中有大秕片，则用簸箕□□之；有小秕片，则风箱之扇之。至于最粗如头号筛以上，极细如□板筛以下者，均须剔下，不得入□。□□□□七成箱□制成之茶，贩运外国，越数万里重洋，必须其味经久而不散，方足以争胜。箱皮不严，箱板不坚，均足以坏。全份之茶，装箱之日，须将制成熟茶，盛以竹箩，裹以铅皮，然后钉入木箱，外加藤捆，逐层封紧，勿合溲气。虽经年累月，香气不散，可无变味之□。

以上七条，粗陈大□，皆指红茶而言。至于绿茶烘焙，大旨亦同。特采择后，不令多受空气耳。汉口之红茶，以江西之茶味居第一，宁州、祁门所产者佳。湖南之茶，近年出产颇丰，销数居第一。江西、安徽之售价皆好，居第一。最下为湖北所产。

《扬子江》1897年第4期

汉口茶之输出表

推汉口茶业隆盛之原，当头一棒，不外乎俄罗斯。何以故？俄罗斯者，茶之大主顾也。当康熙、乾隆间，俄人已购求中国之茶，以恰克图为茶之招待所，与汉口遥遥相应，江上江下之茶，一输入汉口，而汉口之茶栈，乃即溯汉水，取道陕甘，经过青藏，而输出至恰克图，年年若是，永无失时，□丹汉口之茶，兴旺如此也。据前年（西历1902年）税关报告，由中国输出之茶，其全额共一百五十一万九千二百十一担，其由屋□厦输入俄国者二十万六千六百九十九担，其由恰克图输入于俄国四十万三千六百四十八担，□由俄国者二十七万二千五百四十六担，共计有八十八万二千八百九十三担，其数不可谓不大矣，举□□数之输出，今仰给于汉口，以此大输出，占全输出数三分之二，则可察俄人与中国茶之关系。1902年税关报告载有汉口入汉水输入于俄之茶数表，折以观之，则近十年之概可知。

年	1893	1894	1895	1896	1897	1898	1899	1901	1902
两	53541	76877	58756	71938	81282	55761	89136	67031	31334
担	478621	1342169	604986	1872278	1372099	521083	1032471	721863	301773

右（上）表乃合红绿茶、砖茶（小京砖）、番茶、粉茶四种而合计者，其中以红绿茶、砖茶占最多数云。

《扬子江》1897年第4期

司登旦演说近事茶叶

伦敦泰晤士报

其言曰：世界最嗜茶之人，莫如英（此指中国以外）奥斯大利亚，每人岁用茶叶七磅，英伦三岛每人岁六磅，坎拉大每人岁四磅，而他国未有饮茶如是之多者。荷兰每人岁一磅八两，俄罗斯每人岁约一磅四两，美洲合众国每人岁约一磅而已。1902年，凡种茶之国，所出口之茶叶，共有六百十五兆磅，其中英伦三岛所购者二百五十五兆磅，英属地所购者六十兆磅（此指英属地自种之茶外）实居其总数之半也。1879年，中国茶商业最盛，其年英人购中国茶有一百二十四兆磅，及至1901年，所购仅十兆磅，□今所购仅十五兆磅，何其忽衰也？盖英人1886年所购印度茶只五兆磅，迨去岁而增至一百五十一兆磅。1813年，所购锡兰茶只一兆磅，迨去岁而增至七十八兆磅。又他国之用印度锡兰茶亦复不少。查印度种茶之地，在1875年为十二万五千英亩（每十英亩合华亩六十六），而1880年已二十八万四千（英）亩，1902年已五十二万五千（英）亩矣。锡兰在1880年为九千（英）亩，1890年已二十二万（英）亩，去年已三十八万六千（英）亩矣。印度锡兰之茶，其味浓，其价廉。又印锡之茶商归一成大公司，又培养能顺茶树之性，并备佳机器以制其叶。皆中国所未讲求，茶务日见其下也。日本之茶近亦日增，其茶树种植之□，始于明治六年，命国人讲求茶树，以夺此利于中国。呜呼！中国之茶，仅有俄罗斯输入者多，其余他国已日见其少。俄人近年输入印锡之茶者亦多，因价廉物美。各国茶所欠缺者，中国天生之地土与气候耳。中国人力不全，虽有此好土质好气候，徒存其名耳。

《扬子江》1897年第4期

茶业劲敌

译《新农报》

茶为东洋诸国特产，如日本、印度、支那皆产茶，运至欧美，获利最厚，近来北美各州，振兴茶务，开地栽植，月胜日新，不出数年，利将尽夺。观南加洛里那州之茶园，可见一斑。劲敌在前，而东洋之茶业危矣。南加洛里那州，生亚比尔科

地方，有博士楷罗司督众试栽茶树，至顷，成绩甚优。1899年正月，朔风凛冽，水泽腹坚，将茶树一律刈短。至盛夏，尽发新芽，满园皆绿，园地四町四反五亩，是年收绿茶至三千磅。洛司园中茶树，高约二尺五寸，直径约三尺。美国种茶，此时既著成效，继起者益将厚集资本，大事栽培，其茶园之广，更当十百于此矣。我亚洲产茶各邦，其知所惧哉？

《农学报》1897年第104册

论中国做茶新法之可图

译热地《农务报》西正月初一日

近有自中国寄来福州各种茶，系用新法制成，意欲求与印度锡兰各茶相仿佛。既到之后，茶业场中，亦殊著意。其寄来之茶，计五件，标识用机器人工并制字样。然其所用之机器，犹系旧式，故此项茶叶，尚可整顿求精无疑，即就新到之样茶而论，其效已见，若推广行之，将来能获厚利，固意中事也。闻此项茶叶，有在北岭（离福建省城三十里）所制者，当其制也，与采茶之时相距已远，仅取第三次所采，货色较次者为之，果尔则求精收效，尤易且显矣。其发销之数，计半箱者一百十九箱，又一百五十六匣。有金牌者，值价最昂，合十本士三花丁，碎牌合四本士一花丁，所售之价甚善，应可为首用新法者，鼓励而兴起焉。意者中国茶业之更张，将自此始，亦即中国茶运之转机有时欤。中国之茶，但能于制法稍为变更，尤易合英人口味。若以中国茶仿照印度制法，其兴旺畅销之新象，诚可操券而待也。按印度与中国茶之所以有别者，要惟制法不同耳，此则留茶苦涩之原质，彼则弃之过多。其实中国茶亦可如他处所产之茶，同一制法，使之味厚，诚如是矣。再加印度罗比，有合英金定价之苦，中国宜可从中得汇划之益。且英国税则将改，又可望减税之益，福州及中国产茶各口茶业之兴，实有深望。此次用机器所制之茶，系由福州整顿茶务公司核准销售，照所售之价，将来数年内，此项进口茶叶，必可望其大加。本年茶市上场，其用新法所制，能如寄来之样茶半箱者，即寄十万箱亦不为多也。

《时务报》1897年第24册

中俄茶业二则

茶为俄人所最喜食者，终日啜饮不置。其于茶也，犹其于面包，及肉食之不可一日无也。城镇各设有茶肆，每一玻璃杯茶内多加有糖，售价自一本士半至两个半本士。价之高低，视城镇之坐落，及茶客之等类而区别之。是故俄之销茶，为数必巨，年加一年，自不待言。查俄国于1894年，自中国经倭叠萨城进口之茶，计十五兆六十九万二千启罗格郎姆（每合二千二百四磅），其呈报波罗的海关之茶，斤数亦甚巨，此数多半运至木斯科，但亦有在波罗的沿海一带销售者，其由东边之西伯利亚，依陆运入者，约计二十兆启罗格郎姆，合价五十兆罗布。凡茶绕倭叠萨，或绕欧洲进口者，皆系茶叶。惟绕中国边界运入者，类多茶砖，大小不等，此种茶砖，价廉而转运便，为北方一带村夫贫民所销，其所纳关税，亦比茶叶较少，各零售铺户，将茶分包，计重一两半、重三两、重六两、重一磅不等，每磅售价自八十个戈比克（俄铜钱）至五个纸罗布不等，上好之茶，寻常售价，少至一罗布五十戈比克，多至二罗布五十戈比克，当可购得。又查俄国岁有出口之茶，均由木斯科城中各大茶铺装包运销，此等茶铺，在欧洲已远近驰名，1894年，其绕倭叠萨装赴罗马尼亚，及布加利亚，及土耳其，及奥斯马加者，共计三万启罗格郎姆。锡兰之茶，进口至俄国者，约始于二年前，惟为数至今犹未多也。

俄国国家在高加索一带试种茶叶情形，各处所报，言人人殊，欲求确信，颇不易易。而据近时《太晤士报》驻倭叠萨访事人所称，足见此事尚有奥妙藏于其间。其访事人曰，中国人之道经倭叠萨，前赴高加索，监种茶叶者甚夥，政府在高加索种茶，颇形出力，收效良多。现已有民家购得宽广地亩，以备种茶之用。然则高加索所产俄茶，不久将与欧洲各处茶市比赛，务夺其利，意中事也。本馆按从前各处所报，有谓俄国种茶之事，颇不得手，今《太晤士报》所述果确，则俄官向之秘密其事，概可知矣。（按：倭叠萨，俄国黑海部赫尔酸省之大城，滨黑海西北岸为森彼德堡之亚。波罗的海在俄西境，故俄之首部称波罗的海部，以滨波罗的海也。罗马尼亚旧属土耳其，今为自主之国，滨黑海，在俄国西南，奥国东南，布加利亚国之北。布加利亚旧属土耳其，今为自主之国，在罗马尼亚国南，土国罗美里自主之省北。高加索，俄音译作喀复喀斯，案高加索大山跨里海、黑海之间，俄于次设高加索部）

《时务报》1897年第24册

印度茶业情形

译《日本报》西四月初一日

日本某君亲至印度，稽查茶业情形，已而归语人云，印度锡兰茶皆是红茶，咸用大机器制造，制造家皆英人，有制造所八百余间，每年所产出至三十万斤。去年输出总数，重一亿万斤。意者不出数年，必上二亿万斤也。若论茶质香气虽甚佳，其味不及日本茶远矣。栽培之法，不用肥粪。低地不能产良茶，而高地尚能出上等茶。茶树颇大有过合抱者，在锡兰英人等，深虑日本茶夺其销路，百方请求阻碍之策，英政府亦命英驻锡兰者三十人，每年醵资三十万元，为布告美国，及扩张销路之费，欲阻碍日本茶，以美国为好销路故也。印度茶虽质不佳美，而世人多为其所误，谓印度茶为地球之美品，英人可谓甚狡猾矣。故日本茶精选其质，虽则握要，而尤有要者，则在改制造之法，用大机器，能多出茶也。抑地球各处，日进之势，无有已时。故宜多派人于印度锡兰，以察视商情，讲求销路，縻掷巨资，以使印度茶瞠乎落后，是为至要耳。不然，则不如拔我茶树，枯我茶叶，坐视我茶之不复输出矣。

《时务报》1897年第25册

中印茶务及其栽焙之法

译热地《农务报》西正月初一日

英国所用之茶，向惟恃中国为来源，今则他国产茶，亦复不少，而以印度为最著。印度有亚山者，山坡之间，土性极肥，时有微风，于植茶最宜。所产之茶，大都味极腴厚，其产于锡兰者，较诸印度，尤有近似中国茶之处。现从此等处所办来之茶，用中国之茶掺入其间，中印掺和之茶，亦仍为商务之大宗。此业用熟悉茶务者多人，品尝茶味，乃必具有真实本领，方能高其分位，厚其辛资。在伊等亦必留意于香气滋味，二者并宜讲究，务使己之舌本，极其清洁，无些微杂垢，粘滞混淆于其间，每将尝茶数点钟之前，决不可使小舌间带有酒气，及厚浊之味、庶茶之真味，立可辨出。然所谓尝茶者，非真饮之之谓也。不过吮啜少许，既辨得其味，即

吐洗其口，略待数分钟，亦有一定时刻，然后再取第二种茶样尝之，是即印度中国之茶，两相掺和者也。伊于此等掺和之茶，时常尝辨，方得有上等之货，以供应其主顾。茶树系永远青绿，亦甚整齐，高或五尺八尺不等。其小叶色皆深绿，岁有数时，尤要留意壅培，然不甚耐久，最久不过九年，惟在此九年之内，茁发嫩芽，终无间断，可以做茶，过此即坚枯而无汁矣。种树三年之后，方能采取，是为初次，以故植茶之地，每逾若干年，则掘弃旧本，而补栽新枝，使是地所生之茶，可以常嫩而且鲜腴。凡第一年所采，最为佳品。采有定时，届其时即为一层紧要工夫。其栽树也，皆分排匀列，间留隙地，俾采茶之人，可以容足，采时必摘取嫩叶，每年第一次在西四月杪，第二次在五月杪，至采于六月杪者，已为第三次矣。曩有主教名格雷者，曾著成巨集，内载中国各事，伊固久居中国，毕生作客，老于世务者。其书中云，有采茶之能手，一日之间，可采至十磅或十三磅不等，惟规条甚严，必择嫩叶，逐张摘取，不准求速，率意攀捋，故采茶工夫，极为厌繁琐细。树多低矮，人须曲躬俯摘。一季之中，以第一次所采者为最嫩，大半以做上细之茶。既采矣，其次则挑拣，就细叶之中，剔去其较大者。再次则焙制，使运至远方，不至霉变，不失香味，全在焙炒得法。茶分红绿，各种名目不一，各以其类焙制而成。常闻欲饮佳茗，必宜在中国，或印度，或锡兰等处。盖其时茶未装箱，亦未远涉海道陆程，而味不少变也。不拘何种茶叶，必取干燥，非晒于日中，即焙以炭火，间有数种着色较重者，多用石膏及薑黄粉，或欲其颜色有定，无稍参差，直用布国青，擦之使绿。现在仍有茶税，每磅茶价，尚须另加税项数本士，亦颇有人不以为然，谓将有碍于早餐适意之处，犹冀去此税项。按茶诚为凡人日用所需，其在工作较轻者，或尚不甚为累，惟做苦工之辈，不可一日无此。因茶之为物，有醒胃之益，而能振其精神也。

《时务报》1897年第27册

查考西伯利亚茶业

译《读卖新报》西八月二十三日

日本农商务省技师某君，奉命查考茶业情形于西伯利亚，顷归国语人云，西伯利亚之人，善于辨别茶味，与美国及他国之人不同。饮茶之法，和糖于茶，近始稍有加牛奶或咖啡之风。其民在中等以上之人，多用中国红茶，在中等以下，则用砖茶。砖茶者，红茶之末所制而成，其品颇劣云。西伯利亚饮茶之俗，约始于二百年前，每吃饭必饮茶，如有人到访亦先饷之。饮茶之习，俄国可谓盛矣。前年自诸国输进茶于俄国约四千万斤（黑龙江一带之地不在其列），而中国则十居其九。输进之法，搭载轮船至黑龙江口尼哥剌斯克，以运于内地，其自海参崴而输进俄国则极少。俄国税法，在以儿克斯克之东可免税，而西则有税焉。如精选我国所产之红茶及砖茶等，以投俄人之所好，则能与中国之茶，竞优劣于俄国也，昭昭然矣。

黑龙江下游，擅立呢廓费克商埠于江口之左，时维咸丰五年，即1852年也。咸丰十年，即1860年，中英启衅时，俄又图谋南下，欲窃据满洲之东北海湾，屡招法工至此，国人之获谴者，亦皆谪戍于其地，并乘北京被围之际，要挟中朝。斯时中国执政诸大臣，早已杂乱无主，何可再经此要挟？遂乃与之立约，允让黑龙江及海参崴诸地焉。咸丰十一年，即1861年，又有轮舟二，满装法工自旧金山开行赴东，其所以招此法工前往，以罗刹专事酗酒，性极懒惰，欲恃以开辟土地难于得力耳。据《俄京时报》云，1860年，中英之战，惟俄绝大益处，盖俄乘此机会，夺地南下至七百六十英里之广。但俄之执政诸公，夺地之心虽雄，然抑知国之富饶，不在于夺地，而在于营商乎。俄之商舶，乾嘉年间，即有见于粤省者，然自历年以来，英之商务，既已日盛，俄商遂因而日少。俄之西南各省，日用茶叶，大都仰给于英京。迨苏彝士河开，中俄水程，较捷于中英，轮舶往返，约少十日程。俄之商民见此情形，遂于欧脱赛海口，设立轮船公司。但俄之出口货，除运送军需粮饷外，余物无多，兼之俄之商民，又无成本，故公司虽立，仍不能大兴商务。而国中所须万余吨之茶，仍须由英轮转运也。

右（上）篇见之于友人处，见其有关大局，故删而译之。自记。

《时务报》1897年第40册

俄国茶情

译《大阪朝日报》西九月二十一日

俄国以儿克得是克之东，似为日本茶好市场。此地寒热并酷，虽多高山峻岭，而亦多旷原平野。其间道路稍难搬运，虽有江河之便（即黑龙江乌苏利河等），而冬时层冰不解，船舶难通，当夏时亦多不便；即有铁路，而未筑到哈麦鲁布斯克（即西伯利亚之北边），故铁路之效，亦颇未著也。且其地商工业亦未大兴，其人民

非业渔，则以猎为业、以农为业，要之渔猎二者，为此地人民之专业。农产之物或取之于满洲，以充其用也，其余货物皆多求之于外，茶则向取于中国，俄人好饮茶，不能一日缺此，犹衣食之切于人身也。故价亦甚贵，远出英美诸国茶价之上。至其人口，虽未能详，而在此地方以东之四州，约有百十三万七千八百余人，土人居十七万余，其余总为俄种。又该地方有俄军人约二万六千六百余，统而计之，约九十九万四千四百余人，此皆销中国茶之人也。该地土人，虽未必好茶，而俄人之本在该处者，或不好酒及烟，而无不好茶，靡论老幼男女，比比如是。然则中国之茶，为此地人民所爱，而年年大销其茶于此地方，亦岂足异哉？

《时务报》1897年第42册

论中国茶业之衰应如何设法补救

译上海《字林西报》西十月初五日

茶业之利，向为中国所独擅。而近年以来，华茶出口骤减，盖强半为印度锡兰所夺。业于此者，遂考究其所以然之故。

查哀萨唔（印地）锡兰所产，价廉而美，华茶之色香味与之相勒者，售价不能贱如彼产。于是汉口洋商，力求茶价之减，以图与印茶争售，而华人遂无利可沾。既无厚利，则不特无力讲求艺之之道，而旧茶树之尚可培植者，亦废弃矣。

土宜气候，中国即不胜印度，亦断不致不如印度。盖印度艺茶之始，其茶之色香味，视华产犹远逊，故华茶之衰，非关土宜气候之不佳也。夫中国茶业日衰，则印度茶业日盛，推原其故，皆由于培植之不同。印人艺茶，于去莠通风二事，深为致意。采叶时匀分数次，以次发烘，无参差之弊。然此尤其小者耳，擅长处在烘制之善也。

印茶烘制之法，与华茶大相径庭，印茶自烘制以至装箱，无一不用机器，而人工极为有限，是以色香味皆胜华产。不特此也，因机器力匀，而烘制之茶，通盘一律，无参差优劣之病。

机器既省人工，又省火料，近年亦稍稍有人运机来华，略有成效。首先购运者为上海公信洋行，闻其所购，系一旧式滚茶机器，到华后，即售与华人，运往温州。然该机虽系旧式，而所出之茶，尚远胜土法所制。倘滚机之外，益以烘机，当更能起色。闻福州茶商近置烘机一具试用，以所出之茶样三种，寄请上海总商务会

考验，会中肯倍尔哈定诸君验之，谓其色香胜于功夫（茶名）茶，而与印度锡兰之茶相仿佛，其味亦厚而佳。惟烘制之法，尚未尽善，倘再讲求之，可臻美备。

肯倍尔君复函致福州茶商云，此次寄来茶样，力足经泡，远胜向来市上所售，诸君试办之初，已有成效。若此，良可欣慰！倘能潜心考究，精益求精，将来定可与印度锡兰所产，并驾齐驱也。

初英厂制造茶机，钩心斗角，煞费经营。而诸厂之中，尤以贝尔法司脱（阿尔兰地）之台非特厂为首屈一指。台非特君向本种茶，于艺茶之道，深得要领。故其所制茶机，无不曲尽其妙。其法有五：一敛之、二滚之、三发之、四烘之、五拣选之，而后装箱。有此五种机器，而一切烘制装箱，皆毋需人工，所需人工之处，惟以筐于此机承茶，送至彼机耳。然此种机器，须用之于规模较大之处，中国只须于产茶总汇之区，先行试用，择其要者而购置之。

发茶之香，以烘为尤要，苟烘不如法，即有未透过之病，未透则湿蕴于内，过烘则油发于外，虽上品细叶，亦必变为至劣之茶。华人寻常烘茶之法，以筐置叶，而用木炭火以烘之，此法不特费而慢，且常须有人以手翻叶。倘有烘茶机器，则此项人工可省，烘机名昔洛哥德腊耶（意大利一带时有燥热之风，西人名之曰昔洛哥，机中热气近似，故以名之德腊耶者，即烘机也）厥有两种，一名阿泼得拉夫脱（热风在上）其式较旧；一名大吴恩得拉夫脱（热风在下）新而改良，出茶倍蓰。阿泼得拉夫脱，毋需机器汽力，而风自来。大吴恩得拉夫脱，则需一风扇吹风，其鼓荡风扇之力，或资急湍，或用汽机等，而次之，即用一牛车亦可。然虽一资他力，而一不资他力，其机之理法则同，盖皆用炉一座，内有多管，风经炉管而热，即以之烘茶，其风之热度，可随意增减。另有一烟管，所有烟灰之类，皆从此管而出，绝不伤及茶之香味，茶惟得火之热气而已。所烘之茶，皆分铺于盘，递嬗逆风而移，由热而至热度渐减之处，及至取出机器，茶已干而凉矣。

阿泼得拉夫脱昔洛哥，大小不一，其至小者，每一点钟，可烘茶五十磅，其大者可烘至一百二十磅之多。大吴恩得拉夫脱昔洛哥，亦有大小，其最精者，名曰倭秃墨剔克（自动）恩特来斯（无尽）卫勃（形如蛛网）昔洛哥，机中铺茶之盘，皆能自动，毋需人工，每一点钟，可烘茶二百四十斤，机中火膛面积极宽，故火料甚省。

汉口百昌洋行，见北省用而有效，亦置第一号昔洛哥一具，深为惬意，所出之茶，比土法所制者，售价每磅可加多英金二本士，倘置办全副机器，需款较巨，购者犹豫难决，则可先购第一号昔洛哥及滚机各一具试用，费既大减，而用之已可收

效。有此二机，每日作工八点钟，约可出茶三百担，其滚机且可不用汽机，而用人力，或用一牛机驱之亦可，此机可与滚机同购。

往者华官于茶叶之盛衰，不甚措意。近始有人知此事关系非浅，应亟行整顿，湖广总督张孝达制军，兴利除弊，孜孜求进，顾念茶叶之日衰，而周咨博访，拟设法挽救。英国台非特生厂仰承意旨，已派上海谦泰洋行，为其驻沪经理之人。凡欲置办机器，皆可代为订购，谦泰主人华以脱君，于扬子江上下游之茶业情形，极称熟悉，近且游历欧洲，于所用茶机，皆躬亲目验，故于此项机器，考订最为详备也。

《时务报》1897年第44册

户部立定茶办章程

第一号台湾乌龙

第二号福州乌龙

第三号厦门乌龙

第四号中国北方工夫茶

第五号中国南方工夫茶

第六号印度茶

第七号印度锡兰茶

以上七种茶叶内掺碎末，不得逾一成，当用第二十六号铜线造之第十六号筛筛过。

第八号平水绿茶

第九号A字山里绿茶

第十号B字山里绿茶

以上三种，用第三十号铜线造之第三十号筛筛过，不得逾百分之四。

第十一号锅焙日本绿茶

第十二号日晒日本绿茶

第十三号篮焙日本绿茶

第十四号日本碎茶

第十五号上香茶

第十六号松制茶

按上开中国各茶，脱漏尚多，业经五大臣知照美外部，转知户部添入矣。

《时务报》1897年第46册

一八九八

书整顿茶务后

上月三十日报，纪整顿茶务一则云：出使美、日、秘等国钦差大臣伍秩庸星使，电请总理衙门，移咨各省督抚，转饬各地方官。凡有产茶之区，必须详加考察，遇茶叶出口，须拣上品，不得将低货混行销售，致碍商务。去冬，总理衙门行文两江总督署，刘岘帅奉文后，即札饬上海县出示晓谕云云。执笔人阅至此，不禁叹伍星使之整顿商务，挽回利权，诚可谓握其本而探其源矣。

夫中国自与泰西各国通商，每岁资财外溢，不可胜计，惟茶叶一项，尚可稍筹抵制。盖中国之茶，秉山川清淑之气，味浓力厚，性质甘和，故名驰五洲，无敢与抗。初时，先与俄商在恰克图交易，中国已擅其利，嗣江海通商，营运便易，茶商获利尤多，方谓年盛一年。虽彼以洋货易我资财，亦可藉此稍偿亏损。不意近年以来，茶商岁岁折阅，亏耗不赀，甚有因此倒闭，一蹶不振者。推原其故，或谓出口税厘过重，致货物不能畅销。盖道光之季，议收出口茶税，粤海关议定，每担收银二两半。然当时茶叶出口甚旺，价值亦昂，每担合银四五十两左右，核以值百抽五之例，本不为过。嗣后茶叶销路渐滞，下等茶每担不过值银十两左右，而税则曾不稍减。亏累之故，或由于此。然窃谓茶质果能精良，则西人自必争相购取，价值何至日贬。倘不思振作，而徒减税以广招徕，则国课所关，亦何可任其短缺。此减税之说，犹非整顿茶务之要也。或又谓，以前西人不知种茶之法，凡嗜茶者均须购自中国，以是得独专其利，今则印度、锡兰、日本等处专心讲究，出产渐多，洋茶盛则华茶自衰，此亦势所必然之势。然尝考之印度，栽植茶树为最先，虽西人经营培护，不遗余力，而性质较粗，究不敌中国之产，以故西人之精于品茶者，仍舍彼而就此。是犹中国虽遍栽罂粟，而老于吸烟者，仍非印土不能过瘾，盖亦地气所限，非人力可以挽回。故谓西国既种茶，而中国之利即为所夺者，犹非推原之论也。然则今日茶业疲累之故，其道究奚由？曰此其故，实由华商自取之也。

盖初时，华商贩茶无不得利，遂有不肖之徒，不顾大局，于贩运出洋时，稍有掺杂，藉以牟利，西人偶不及检，遂以为可欺。于是多方作弊，专以一种伪茶掺和其间，或名“再焙茶”，或名“水茶”，甚至不为烘干，以增分两，掺杂染料，以染颜色。更有取巧之法，将上等之茶，先发样箱，迨交到大宗时，多与原样不同，种

种作弊，不可枚举。西商性本多疑，偶一受亏后，即有真实之货，亦多怀疑裹足。争利者得以有所藉口，而中国茶务之衰，遂不可问矣。

窃谓时至今日，总以振兴商务为第一要义。中国虽地大物博，出产极多，而销售外洋者，只有丝茶两项为大宗。今丝商既多受亏，茶商又不获利，若不及时整顿，设法补救，则利源何日可以挽回？前者日本讲求纺织，每年销中国棉花约值银二千余万两，款亦不为不巨。而江南之棉花，乡人与花行每多着潮和水，以图斤两加重。日人初亦受愚，嗣察知其弊，兼购印度、美国等花，致中国坐失利权。曩岁有神户华商，具禀理事府，转详驻日钦差，请移文上海道宪，转饬通州、崇明、上海各属以及沪城各花行，禁绝着潮棉花。然皆阳奉阴违，视若具文。盖积习相沿，诚牢不可破也。今伍星使于茶叶一项，请于出口之时，详为考验，其必有见于茶务之日衰，皆由于作伪者自取其咎，故不惮再三告戒，以期渐除积弊。倘中国自此能竭力振策，实事求是，而又设立公司以厚其资财，聘茶师以辨其高下，购机器以精其烘焙，则物既日精，销自日广，复何虑茶务之日疲，而茶商之日见亏累哉？

《申报》1898年2月25日

书报纪示谕茶商后

上月三十日，本报登整顿茶务一则，执笔人已著为论说，登之本月初五日报首。昨报又录上海县示谕，始得详尽，因再论之。据出使美、日、秘国大臣伍秩庸星使函称，美国以近来各国入口之茶，拣择不精，食者致疾，因设新例。茶船到口，须由茶师验明如式，方准进口，否则驳回。从前，中国无识华商往往希图小利，掺和杂质，或多加渲染以售其欺，洋商偶受其愚，遂谓中国之茶皆不可食，销路因之阻滞。比来华商贩茶，折阅者多，获利者少。职此之故，现新例既行，茶稍不佳，到关辄被扣阻，金山等埠华商屡来禀诉，因择其不甚违章者为之驳诘，准其入口。惟新例所开，茶式未齐，已将中国贩运之茶，详列名目、种数，照会外部，转知税关。俾茶师诣验时，有所依据，不致与原定之式不符，过于挑剔。仍将新例译录，饬领事等传谕众商，嗣后不可希图小利，致受大亏云云。执笔人阅至此，不禁喟然而叹。西人商务之兴，兴在有专精其业之人，亦兴在官商之能一气。中国商务之衰，衰在无专精其业之人，亦衰在官商之不能一气。中国出口之货，向以丝茶

为大宗。现在茶务既如此认真，将来出口之货亦必照此办理。华商苟能一律整顿，诚属美事，否则惟恐以后出口之货，西人事事挑剔，则中国商务更困矣。而外洋进口之货，中国官场向不过问，一任商人贸易，亦未闻商人有向本国官场禀请之事，岂外洋来货皆无出入乎？报中屡纪洋商控追提货之事，华商亦有以定货不符，及货到过期为辞问官，无不为洋商追提。易地以观，更可见中国无专精其业之人，而官商之不能一气也。

就茶而论，华商固宜整顿，其所以掺和者，想必欲价廉而多售也。市语所谓“货真价实”，若将货物挑选，要与不要，权虽操于西人，而售与不售，权仍操之在我。西人既不能贬价而购高货，华人亦不能定价而听转移也。说者谓别项货物不妨稍稽时日，而茶则不能过时。苟与西人订定，何等之货售何等之价，定货时如果不符为西人所退，华人固无说以辞。如不走样，而西人欲藉词货低而贬价。其时华商若欲出售，必至折本；若不出售，则恐为时过迟，亏本更大。若与之争执，则中国既无茶师，而官场于商务不如西人之关切，且不如西人之熟悉。中国之事，往往壅于上闻，西人无论官商，皆可电达本国，由本国电达总□，事事便捷，着着占先，恐将来非但不能振兴商务，而商情更困矣。即如示云，此例初行，似多不便，然理相倚伏，实于茶务有益无亏。盖以前茶质不净，人多食咖啡以代茶，今入口既经复验茶叶，共信其佳，则嗜之者多，将来销路可期更旺。华商如能将焙茶诸法精益求精，知作伪无益，不复掺杂，则中国茶味，实冠出于诸国必能流通，未始非振兴茶务之一大转机。不知但能禁中国之弊，而听西人验视，其中果不能无偏倚乎？曰此皆中国未设商部之故，无专精之人，不能免各执一词之说。

窃意中国欲整顿商务，须设商部大臣，各业庶有专归，即茶务一项，亦须设茶师以凭自验，设有不符，□以争执。现在华人既乏专门，不妨延请西人验明之后，始行出售。若有反覆，则惟茶师是问。西人既以公道示人，在所延之茶师，亦决无偏倚。若至进口时始验，多所阻隔，不已晚乎？非但茶务宜如此办理，即各种货物进口，亦宜如此办理。商人既有所折衷，亦可渐渐学步，不致茫无头绪，一任外人之转移也。然乎？否乎？还请质之精于商务者。

《申报》1898年3月18日

汉皋茶市

汉口访事友来函云，春阳已老，茶市登场。江西之宁州茶，湖北之羊楼峒茶，均已次第到汉。惟货物尚□洋街左近各茶栈，门庭如水，清淡异常，回溯昔年，盛衰迴别。推原其故，总由年来折本太巨，浮梁巨贾渐致灰心，因此势成弩末，未识留心茶务者，何以兴商务而挽利源也。

《申报》1898年5月7日

茶市开盘

九江采访友人云，天裕洋行于本月十九日，购定祁门茶一百二十余箱，价银五十九两。又得汉口电音谓，十八日祁门茶价六十三两，此为茶务发轫之初合记之，以为浮梁贾告。

《申报》1898年5月15日

整顿茶务

茶叶出口为中国大宗货物，惟必选制精良，始足以利销场，而杜外人之挑剔。广东肇阳罗道吴观察札饬云，为饬遵事，前准广东通省厘务局移开，现准善后总局移开。前奉两广总督部堂谭札开，光绪二十四年五月二十五日，承准总理衙门咨开，前准出使大臣函称，美税关禁止劣茶进口，前经力与辩争，告以中国茶叶种类繁多，不能执一概论。现已改订条例，增入数种，其辨验之法，尚属详明。特行译录一分，上陈□案，俾得通行产茶省分，使业茶者知所从违，不致以劣茶进口，动遭驳诘。再，昨据上海平水业茶众商来禀，以客岁美国查验过严，茶叶多被扣留，大为亏折等情，禀请核办。已照会外部，转饬税关，秉公查验，毋得挑剔苛刻等因前来。

查中国出口货物，以茶叶为大宗。如果种焙得法，不以劣茶掺入，则销路既

畅，获利自多。现准伍大臣咨开，美税关禁止劣茶进口。是茶务一端，非制造精美，不足以利行销而杜口实。相应抄录美国户部验茶章程，咨行查照，即希饬属转谕各该处业茶商人。嗣后，茶斤出口，务须拣择上等名茶，不得以劣茶掺入其间，希图尝试，仍将整顿茶务情形，随时声覆本衙门备查可也。附抄片件等因，到本部堂承准此。查此事前准总理衙门文行，即经咨会粤海关监督查照准咨，黏单事理，出示晓谕茶商遵照，及行该局移会两司厘务等局，分别移行各处一体出示谕，在案准咨。前因除咨粤海关监督办理外，合就札行，为此札仰该局，即便移会广东藩臬两司厘务等局，照依准咨抄单事理，移行通商口岸。该营、道、府及产茶地方之各州县示谕业茶商民遵照。嗣后，茶斤不得以劣茶掺杂，希图尝试。该局并即会商粤海关，将整顿本省茶务情形，详候咨复备查毋违。计抄件等因到道，准此合就札，饬札到该府，即便遵照，转饬所属，一体出示晓谕，业茶商民人等，一体遵照毋违。特札。光绪二十四年十月初三日，札笔□府衙门。

《申报》1898年12月17日

汉口新创两湖制茶公司

两湖制茶公司章程极为妥善，查俄罗斯人专购饮中国黑茶，而英国为销茶最多之处，现已不饮中国黑茶，改饮锡兰岛机器所焙之茶，故中国茶有昔盛今衰之叹。然中国茶叶，味美甲于天下，即锡兰岛之上等茶种，均系中国运往，所不同者，不过以机器焙制，代人力而已。前者福州试用机器焙茶，去年温州仿行，见有效验，于是湖南湖北官场，派人考究仿办，以期收回昔年茶叶之盛。现在湖广总督张之洞派汉口税务司承办机器焙茶公司建设汉口，所用华人董事，有汇丰银行之席正甫、唐翘卿，招商局之陈辉庭暨汉口巨商数人，资本六万两，并非官督官办，故不致有流弊。现在机器将抵沪，想中国茶叶仿效印度焙制之法，则汉口与伦敦茶市可期起死回生。本报素不为各公司表扬，然湖北省用机器焙茶，不独茶业可期兴旺，将来并可尽夺印度茶商之利。(北中国每日报西三月三号)。

《时务报》1898年第54册

印度茶及中国茶贸易情形

译《国民报》西十二月二十八日

英国驻米西埃度领事，具报本国政府云：在俄属中部亚细亚以茶及蓝为贸易之要品，多自印度输进此二品，数年前俄人始栽培茶树于黑海东岸之地方，将来渐为中部亚细亚人民所消可知耳。然在此时则未足以竞价于印度、中国等之茶也。盖印度输进茶叶于俄属中部亚细亚地方，不止印度茶，即中国茶亦由印度而输进。盖印度商会，购得中国绿茶于中国，而后输进之于孟买（在印度西海岸府名），由孟买而输进之于中部亚细亚也。去年在布哈喇（中部亚细亚之巨市场，即在土耳其斯坦）俄商等欲夺孟买之商权，或为画策，谓不如使俄人之住中国者，即输送该茶于俄国在布哈喇之商民，自相卖买，于是劝诱比西亚人（属印度种），啖以重利，比西亚人不肯应，其计遂不成，中国茶经由孟买，而后转进中部亚细亚，于今为极盛。由孟买输进中部亚细亚之行路有三：一曰波斯路，此路即经由半达亚波士港（在波斯湾口），直过波斯之地，而进中部亚细亚也；二曰盃且路，此路即经由盃且港（在黑海之东岸），藉铁路之便，超里海而后进中部亚细亚也，盖此路为捷路，约三十六日或五十日即能到，且运费亦从简约也。然有关税，未为便利，故印度商人等常不满意，于是更搜得一路，是为第三路。即由威克（比耳地斯坦之东北）经查以斯坦（波斯之东南）而通过哥拉三（波斯之东部），所谓查以斯坦路即是也。印度商人住在布哈喇者，多为印度西北境人，故印度茶商等欲垄断其利，颇致苦心于此。及搜得查以斯旦路，为输送其茶之通路，兼免阿富汗关税，极为有利。且此地方所销之印度茶，价亦不贵，其质亦良，故较之于俄人所输送之中国茶，见为优品。然则将来足以操茶业贸易之权于中部亚细亚者，非印商其谁哉？印度商家之苦心经营，亦可想矣。

《时务报》1898年第54册

制茶公司兴于中国

近时中国茶销路为印度茶所夺，盖印度茶香味颇佳，其价亦廉，于是销场顿广。中国福州尝仿印度制茶法，试用机器制茶，颇有成效，于是英德俄各巨商等合集股本，兴一大制茶公司于福州，其法亦仿印度制法，以二十五万元为资本，既于福州及北山岭，购土地为制茶之所，且搬运机器，及其余需用之什物前往，闻今春即将开办云。

《时务报》1898年第58册

论印度植茶缘起并中国宜整顿茶务

福州、汉口二处，试用机器焙制茶叶，将来成效自有可观。计中国运出欧洲各国之茶日见减少，必须速为设法整顿。中国茶税，计合茶值十分之三，若将税则改轻，或可与印度锡兰茶叶争胜。查印度植茶，出口向无税银，印度制币局，现已闭歇，该处银水分外涨价。有此机会，中国茶务理应比较去年增旺，可补历年亏损。溯安息国与缅甸初次开仗时，有一战船主，于1826年带回安息茶种并茶样。1832年，又有一船主，初将茶植试种。至1834年，有人至中国考究此种茶植，可否带至印度试种。1835年，印度国内老金波地方，由国家派人试种茶树，因种植不成，迁至尖波地方一花园内试种。1840年间，花园售与安息公司，种植未见得法。1852年，茶植较好，仍未畅盛，是时尚有他处试种，后印度国家，立意派人至中国，专访种植茶务，将各项茶种带回印度。其种由厦门山地采取，并将中国制茶之人带至印度。1848年，另派人至中国，访购中国北方极好茶种，携回印度，其余制茶物件，及各项制法，一一仿照。1872年，所派中国访明茶务之人，陈一章程与印度国家，细考中国拣茶之法，何以香味特胜。斯时制茶，已有机器，虽不及中国拣制极细之茶，但其工费极为便宜，印度由是不用中国茶植。偶有数处在山地耕种者，均不甚旺，伦敦市面所售粗茶，俱是印度茶种，计此茶树所产茶叶，出味甚速，所有印度运出口之细茶，俱山地所种，收采极缓，色味浓厚。凡山地一方种中国茶植，每年收茶不过一百二十至四百磅，倘改印度茶种，每年可收九百六十至一千二百磅。种茶之地，高低出产，各有不同，在广地种茶，每方地种至三年，即可出茶四百磅，若在山地，须至五六年方可采茶。中国之茶，初春所收者最称嫩美，印度锡兰所产，则须秋时近冬所收茶叶，味色较美，价值亦高，此亦地土不同之故。计来印度种茶之中国人，每年摘茶四次，惟印度在平地之茶五六日始摘一次，山上之茶

须十二日始摘一次。由四月起至十月止，交至冬令，所有采茶各人均另寻生业。考机器制茶，最为迅速，计十二分钟，可制成三百五十磅，绿茶亦可仿照此法焙制，但须用心讲究制法。用机器制法，视中国手制较为洁净，机器所焙之茶，比中国用炭焙制，味尤加美，此项茶在印度制成，价甚廉贱。从前印度未设制币局，每磅茶计值英银一角二分，现在涨至一角八分，茶业畅旺，较前数倍。中国亟应将机器焙制之法，推扩各处，应可将印度茶业利权，稍为收复，即每年茶叶出口数目，必见增加无疑。(北中国每日报西四月二十号)

《时务报》1898年第59册

论 茶

近闻汉口有新创机器焙茶公司，中外茶商，均甚踊跃。查中国茶叶，近三十年以来，岁岁减色，究其故，全因中国茶商不能因时制宜，时求精致。现在焙茶仍用土法，不思改变，以致茶业日衰，竟成不可收拾之局。耶稣降生前二千二百年，中国打仗以弓矢见长，故至今考取武生，仍以弓矢评定甲乙。而西国枪炮轮船之利害，则不问矣。今茶亦然，印度年年争夺中国茶业之利，虽茶叶香味远不及中国之纯正，然焙制得法，大夺中国茶业利权。其所以致此之故有二：英国茶商，悉心讲求，力图制胜，一也；中国茶业，守旧不改，自取亏折之道，二也。西洋报章，屡次发挥中国宜如何力图改变，否则西洋茶市，不复能以重价购中国焙制不精之茶叶。无如诲之谆谆，听之藐藐，而茶业一衰至此，且并非无救药之势，岂不可叹？

时虽已晚，倘若认真整顿，仍可挽回，惟是宜急为变通。西洋饮茶之人，非不喜华产之茶叶，如能焙制得法，必弃他国而取中国所产之茶叶。据医士云，中国茶叶，因所产之土无恶性，多服不伤人身体。印度茶叶，则有所不然。今汉口既有机器焙茶之举，则中国茶业虽不能恢复旧业，然必能挽回衰局，是吾西人之有茶癖者所切盼也。(伦敦中国报西四月二十二号)

《时务报》1898年第63册

中国茶务

阿尔斯特报馆派人至制造制茶机器厂，察看机器制造一事，是厂为始创制茶机器之祖，所有英国属地产茶之处，俱系用该厂机器制造，厂中已造成机器多种，为运来中国之用。报馆人问云："闻近日多运制茶机器至中国，有此事否?"厂中经理人地利臣云："上海、福州、汉口各处，均有信来定购，逆料日后此项机器，购者必多。"报馆人云："贵行前曾运此项机器至中国否?"答云："未有。中国人性多守古，不肯用新法制茶，购用机器。殊不知机器制茶，价廉工省，制成之茶又极精美。以故制茶机器，运至印度等处居多。中国人不知变法，是以出口茶数，年少一年。从前中国运至英国茶数，每年一百二十兆磅，今跌至二十兆磅，而印度运至英国之茶，则逐年加增。现在中国渐知茶务疲敝，幡然改图。近来亦有函来定购机器。若非英俄两国，教以机器制茶之法，中国至今恐仍遵守旧法，用人力制茶。中国定购机器，并不由英俄行号代定，俱是英人，或他国人与华人合股所办。因在中国地面，西人不能置买产业，故必须与华人合股，方可购地建厂。买茶亦用中国人出名，细察情形，用机器制茶一事，将来必可增广。"报馆人问云："始创此项机器，缘由如何?"地利臣云："1864年，余出学堂时，随父至产茶之地受值，其时印度出口之茶，仅得四兆磅。今印度及锡兰产茶，共有二百兆磅。初时延请中国茶师，教以制茶之法，用人力压成，以木炭焙干。1869年，始用机器试办制茶，若以近日通行机器比较，殊觉藐乎小矣。彼时制出之茶，人皆觉其胜于旧制，于是渐渐有人照样试办，其后精益求精，故自焙茶以至打包等事，俱用机器制成，用费省而收功速。"报馆人云："此项机器，他人亦有时新式样否?"地利臣云："有两家新出此种机器，然以本厂机器为最，英国属地产茶之处，有四分之三系用本厂机器。用机器一副，可抵用工人五十名。"报馆人因同地利臣至该厂阅看，见其用机器制茶成末，以铁筛筛过，分价之等第装箱，灵妙无匹，为之赞叹不置云。

《时务报》1898年第66册

一八九九

振兴茶务札

南洋通商大臣刘为札饬事，光绪二十四年十一月初九日，准兵部火票递到总理各国事务衙门咨，十月二十日，准出使美、日、秘国伍大臣函称，美议院以近来各国入口之茶拣择不精，食者致疾。因设新例，茶船到口，须由茶师验明，如式方准进口，否则驳回。从前，中国无识华商往往希图小利，掺和杂质，或多加渲染以售其欺。洋商偶受其愚，遂谓中国之茶皆不可用，而销路因之阻滞。比来华商贩茶，折阅者多，获利者少。职此之故，现新例既行，茶稍不佳，到关辄被扣阻金山等埠。华商屡来禀诉，因择其不甚，违章者为之驳诘，准其进口。惟新例所开，茶式未齐，已将中国贩运之茶，详列名目、种数，照会外部，转知税关，俾茶师诣验时，有所依据，不致以与原定之式不符，过于挑剔。仍将新例译录，饬领事等传谕众商，嗣后不可希图小利，致受大亏，并抄译一份寄呈备览。此例初行，似多不便，然理相倚伏，实于茶务有益无亏。盖以前茶质不净，人多用咖啡以代茶，今入口既经复验茶叶，共信其佳，则嗜之者多，将来销路可期更广。中国各商，如能将茶叶焙制诸法精益求精，知作伪之无益，不复掺杂，则中华茶味，实冠于诸国，必能流通，未始非振兴茶务之一大转机也，等因到本衙门。

查中国土货出口，以茶叶为大一宗。从前因茶商焙制不精，兼有掺和杂质等弊，以致洋商营运受亏，销路因而阻滞。今美国改行新例，如果焙制益求精美，实为中国商务振兴之机。相应将该大臣抄寄新例十一款，刷印黏单，咨行贵大臣查照。即希转饬各产茶处所，凡园户茶庄制茶，务须焙制如法，精益求精。并饬各海关出示晓谕，华商运茶出口，勿得掺和杂质，致阻销路。倘或掺和杂质，或将茶渣重制运售，致损华茶实益，一经查出，定行严罚。此固为华民谋生计，亦中国整顿商务之一端也。等因并抄单到本大臣承准此，除分行外，合行抄单，札关遵照。咨内事理飞饬产茶各属，出示晓谕，并剀劝园户、茶商，应如何妥仿西法焙制，力图整顿，以期挽回茶务，广开利源。仍将筹办情形，禀复核夺，并报抚部院查考。切切。特札。

《申报》1899年5月9日

鄂中茶务

汉口友人于三月二十九日致书本馆云：目下茶样已抵汉口，祁门茶视去年略低，不无杂质掺合。宁州及聂家市、羊楼峒之茶，则较去所产稍佳。今日大盘，尚未开市，惟闻聂家市茶有人购过，每担银二十五两，与去年不相上下，羊楼峒茶每担银三十三两至三十五两，恐商人未必能大获其利也。

《申报》1899年5月12日

茶市初闻

九江采访友人云：本月初二日，茶市开盘，天裕、协和二洋行购进宁州茶，每担自四十六两至五十两，祁门茶每担自五十八两至六十二两，建德茶每担四十二三两。此亦茶业中人所愿闻者，故志之。

《申报》1899年5月16日

茶市先声

汉口访事友人云：现当茶市发轫之初，各路茶商陆续至汉。上月二十九日开盘，计祁门茶每担货银六十两，宁州茶五十二两，安化茶四十四两，羊楼峒茶三十八两，聂家市茶二十九两。

《申报》1899年5月25日

译登上海公信洋行主覆江海关雷税司论茶务函

本年西历七月十六日，即光绪二十三年六月十七日，接展台函，并蒙传述总税务司垂询。本年茶务情形，足征阁下暨总税务司因时制宜，留心整顿，俾中华茶务

因尔振兴，何等欣幸。所冀即于中国大宪之前，发明此意，或能俯从兴办，使中国利权不致外溢，固所深愿焉。中国红茶生意，现在英国办者已由众而寡，华商以谓尚有俄罗斯一国，孰知俄罗斯购印度之锡兰茶约有九百万磅，今年则购茶之数，又较去年为赢。盖中国茶叶首在焙制之法，未得其宜，倘能改弦易辙，以从新法，逆知俄罗斯及各大国必皆愿购华茶，能较锡兰茶更为乐用，不独税课可以加增，贸易又能兴旺，即亿兆华民亦可得富饶之益。

因思执事公务殷繁，此中或有不遑稽核者，兹者商人以经营之暇用，将历年华茶出洋之数，按照海关贸易册论中所载，比较情形，敬为执事详陈之，而知昔盛今衰之势矣。按同治十年，华茶出洋者，其数有一百四万一千八百六十担。至光绪二十二年，则有二十一万九千四百九担。□英国是年用茶之数，计有一百十五万七千五担，去年所用之茶，计有一百七十四万八千七百八十九担。查外洋用茶，近数年已递增数倍，此为阁下所知，以意逆之，日后其数势必愈见加增。惟惜华茶之销往外洋者，日见其绌，致山上种茶之人以及业茶大贾，并推而至西国营运之商，下至食力工役之辈，无一不受亏折。同治十年，外洋所用华茶，出洋总数百分中计占八十六分。及至光绪二十一年，百分中计仅占四十一分。溯查光绪七年出口，计有一百八十八万九千九百七十四担，印度、锡兰、东洋茶，是年出口共有六十三万二千三百四十担。光绪二十一年，华茶出洋总数计有一百三十八万四千二百八十八担，印度、锡兰、东洋是年出口之茶，计增至一百九十二万二千五百三十八担。本年目下华茶出洋之数，更行减色，而洋茶之数，自必畅销矣。

绿茶中国所产，较各国为佳，实属莫与比伦，兹姑弗论。惟红茶搓制之法，则不如印度远甚。其致败之故，实由于此。盖所征之课税，虽觉繁重，在华商核算成本以为获利，似无把握。苟能得其新法，以冀西人渐皆喜用，则衰弱之象，度不至如斯矣。温州茶于华历四月初八日，运样到沪，即今所呈验之两种：一则仍用旧法，以手足揉搓者；一则用新法碾压者，互为比较，即可知新法之合销。在西人本视温茶为中国出茶最次之区，其英人之所以不喜用华茶而喜购锡兰茶者，以用碾压故也。英人之爱用印茶，并非以印度、锡兰为英属土。盖因锡兰之茶，色香味较胜于华茶，其质性亦较华茶可以用水多泡，其故印度系用机器碾成，质力较华制为佳。现在美国固已较前增购，而俄国亦然。锡兰、印度之茶，甫采下时，收在屋内，铺于棉布之上，层层架起如梯级，然直至茶叶棉软如硝净之细毛皮时，将茶落机碾压，约有三刻之久，盛在铁丝箩内，约堆二英寸许之厚，层叠于上，其色必变至匀净如红铜色者。然后焙炒装箱，以备下船。锡兰、印度之茶树，皆属于公司，

公司资本殷厚，不肯零星沽售。自采茶焙炒，以至装箱起运，皆公司之人自为之。有大栈房存储，所安机器甚多，碾茶、炒茶、装茶，无一不用机器。蒙意，欲使中国茶务振兴，当另筹新法。如碾压至茶变红铜色之后，应上箩焙炒之际，可无须仿用机器，仍按旧法，只用竹箩盛茶，加以炭火烘焙，似比机器尚佳。倘办茶之人亦如印度、锡兰之法，获益必大。盖其佳处，即遇阴雨之天，亦无要紧。摘茶之后，即送与栈房，将茶层铺于棉布之上，用架叠起，不虑天气微变。应购之机器，若仿锡兰所用之式，未免价巨。莫如用一次能出茶七八十斤之碾压机器，止需银六百两，即可购办，且能耐久，不至易坏，费既不巨，茶商办此，当无难色。

现将茶样送呈台察，一系中国土法，一系外洋新法，即不明此中三昧之人，亦能鉴别，因其一见可以便知新法之善也。蒙意华茶若用机器，不用手足，则前此所失之十分中必能补偿几分，贸易自有转机，当不至如目前之江河日下也。蒙之献此刍荛者，实为有裨民生，而又裨国课所望，亟行整顿，愈速愈妙。再能遴派明白晓事之员，前往锡兰，遍加访察制茶之法，并资雇业茶者数人来至中国，教以各种烘焙善法，一朝变计，必能合各国均相乐购。盖中国头春茶，天下诸国无有媲美者，二茶、三茶之现无人过问者，实因制法不佳。倘用前法，则二茶、三茶当可与锡兰、印度并驾齐驱也。此函见《湖北商务报》。

《申报》1899年5月26日

论欲整顿茶务宜专设茶务局

中国自与泰西通商以来，出口之货向以丝茶为大宗，不特洋关税项藉此加增，即业此者亦无不利市三倍。故中国商贾之推尊者曰丝、曰茶，大抵二者出数较多，销路较广，利息亦较厚，因是皆得家拥巨资。然就贸易而论，固属商贾之利，若论大局，则实关乎民生国计。当丝茶极旺之时，洋货进口尚少，故利害尚足相抵。迨洋货日增月盛，即使丝茶销场如昔，已不足抵其十之六七，乃丝自洋人收茧自缫而利日减。近又有华人仿行缫售而利愈减，推原其故，皆因洋人亦能研究育蚕种桑，不仅藉中国之货也。然地土之宜，泰西终不如中国，惟泰西能以人力挽回，致中国之利权日失。至于茶务，亦何独不然？洋人向以中国之茶为无上上品，价值听之华人，货亦并不挑剔，故华商皆视为利薮。乃近年来，价既日疲，货又多方挑剔，华商非但不能昂其价值，

且一或不慎，即少顾而问之者，不得不贬价脱手。洋人逆知华商之不能不售，于是挑剔愈甚，致华商愈形亏累，茶务如此，不将成江河日下之形乎？

昨日本报纪汉口访事友来函云：两湖及宁州等处之茶，日来已陆续到汉，茶质虽有高下，而色香味则并皆佳妙。惟洋商故作观望，业此者急于求售，未免自乱其价，恐将来难于获利云云。夫商贾之道，最宜划一，而与洋人交易，尤贵齐心。当此茶务疲弱之时，各茶商宜如何整顿，无论洋人贬价挑剔，终须会议划一之规，不准私自贬售。则虽难觅厚利，而于大局尚无所伤，然后再讲求焙制诸法，冀合洋人之意。焙制既得其法，则不得秘为己有，务当公诸同业中人，协力同心，庶茶务日有起色，否则，难免将来洋人自行采办，利权遂至尽失矣。

前日本报所登，公信洋行主与雷税务司函，于中国茶务了如指掌。按同治十年，华茶出洋有一百四万余担，至光绪二十二年，只二十万余担，二十余年中，竟减去十分之八，茶务之衰已可想见。然华茶虽销数日少，而外洋则用茶者日多。但就英国而论，光绪二十二年，用茶一百十五万余担，去年增至一百七十四万余担。一国之中，二三年之内，所增已有五六十万担之多，合之各国，其销路之旺，可想而知。乃竟任锡兰独占其利，不亦大可惜乎？夫锡兰茶质虽不如中国之美，而焙制得法，竟能驾中国而上之。现在中国所销者多系头茶，若二、三茶则过问者稀，据云，实因制法不佳之故。若能如锡兰所制，则二、三茶亦可与锡兰并驾齐驱，而头茶无论已。蒙意如欲茶商自行整顿，恐人心不一，终于徒托空言。须专设茶务局，讲求茶务。茶商运茶到埠，由局验明、定价。与其被洋人挑剔，何如自行挑剔之为愈夫？然后由茶商以推之山中种茶之人，使均知如何而可以多销，如何而可以增价，某货合销，某国秩然井然，则茶务自当日旺。若仅将整顿之事，责之茶商，则茶商恐终无此力量也。而谓中国茶务局之设，其可缓乎哉？

《申报》1899年5月28日

汉皋茶市

汉口访事友人来函云：两湖各处红茶，刻已次第到汉。西人虽照常购取，然不能如从前之踊跃。英界江岸泊有俄罗斯轮船一艘，俟装满即当开行下驶。又闻日内两湖红茶到有三十六万一千五百箱，宁州茶到有十五万八千五百箱，祁门茶到有十

一万零一百八十四箱，不知浮梁大贾可得善价而沽否?

《申报》1899年6月1日

茶业劲敌

译《新农报》

茶为东洋诸国特产，如日本、印度支那皆产茶，运至欧美，获利最厚。近来北美各州，振兴茶务，辟地栽植，月盛日新，不出数年，利将尽夺。观南加洛里那州之茶园，可见一斑。劲敌在前，而东洋之茶业危矣。南加洛里那州，生亚比尔科地方有博士楷罗司督众试栽茶树。至顷，成绩甚优。1899年正月，朔风凛冽，水泽腹坚，将茶树一律刈短。至盛夏，尽发新芽，满园皆绿，园地四町，四反五亩，是年收绿茶至三千磅。洛司园中茶树，高约二尺五寸，直径约三尺。美国种茶，此时既著成效，继起者益将厚集资本，大事栽培。其茶园之广，更当十百于此矣。我亚洲产茶各邦，其知所惧哉!

《农学报》1899年第11期

一九〇〇

浔江茶市

九江访事友人云：此间业茶者，向有四五十家。近以连年亏折，类皆裹足不前，以致操是业者，不过十四五家而止。本年直至三月初旬，始由张瑞丰信局，雇夫运送头批银七十五担入山，亦可见生涯之寥落矣。

《申报》1900年4月29日

茶市萧条

汉口访事友人云：茶为中国出口货之大宗，向与湖丝并著。近以市侩作伪，西人挑剔过严，以致业此者亏折频仍，相戒敛手。兹当茶市方兴之际，汉上茶客，尚觉寥寥，其入山开庄者，更不可多得。说者谓今春茶树为淫霖所困，颇难色香味俱佳。浮梁贾大觉踌躇，盖不胜今昔盛衰之感焉。

《申报》1900年5月9日

汉皋茶市

汉口访事友人云：本年楚北各地所产之茶，色香味兼擅其胜，盖以晴雨顺时故也。本月上旬，已有样茶到汉。旋于初十、十一两日开市，计祁门茶每担白银四十五两至五十两，宁州茶自三十七两至四十五两，羊楼峒茶自二十五两至二十七两，通山茶自二十两至二十二两。此亦浮梁贾所宜留意者，爰即志之。

《申报》1900年5月15日

茶市纪闻

汉口访事人云：崇阳、羊楼峒、祁门三处新茶均已开盘，计崇阳天香每担售银二十七两，羊楼峒馥兴售银三十五两，祁门祁元售银五十两。日内羊楼峒已到四百箱，余则但有价目，未闻到货也。

《申报》1900年5月18日

汉皋茶市

汉口访事友人云：今春雨水过多，以致新茶不甚兴旺，刻下两湖头茶之到汉者，尚觉寥寥，市价亦甚半减。惟祁门茶色香味，俱擅其胜，每担约售银五十余两。

《申报》1900年5月25日

汉皋零墨

…………

本年两湖头茶丰歉悬殊，颇有一样春风分冷暖，桃花含笑柳含愁之概。闻湘茶之获利者，首推安化。鄂茶之获利者，首推崇阳。浔茶之获利者，首推祁门。余则均抱向隅之憾，浮梁巨贾深觉踌躇，恐异日接办子茶，更难望有起色也。……

《申报》1900年6月3日

祁门茶事

三月中外日报

祁门地方向以红茶为生意之大宗，然专售与俄人，他国人绝少过问者，近年以来已频亏。而今年俄廷议定，红茶入口，每箱加收税银八两，以为渐去客茶之计，

汉口俄商，因议收入红茶时，每箱减价八两，以为抵制，而该地又适以促办积谷，款无可出，大吏议将红茶每斤加税二文，以为积谷之费，若然则红茶成本愈大，出价愈微，此项生意，将来恐将自废矣。

《湖北商务报》1900年第38期

一九〇一

茶市述闻

汉口访事友人来函云：各处茶商现因和议未成，兼之连年亏折，故停歇者十之五六。即已经开办者，亦无不小心谨慎，不似往年之旗鼓大张。闻两湖红茶须于本月下旬到汉。……

《申报》1901年5月10日

茶市初兴

汉口访事友人云：本年茶市发轫之初，业此者鉴于去岁亏折频仍，大都不敢购办。刻下头茶到者，不甚兴旺，各商之开庄采购者亦寥落若晨星。闻须俟二茶，方有起色。市价，祁门茶售银三十九两至五十六两，宁州茶二十一两至二十八两，安化茶二十八两至三十一两，咸宁茶十七两至二十一两，通山、通地茶二十四两，羊楼峒茶十八两至二十二两。

《申报》1901年5月17日

劝中国茶商整顿茶务说

中国出口货大利所在，丝之外，茶为最。近十年来，查阅各海关册报，茶业日就衰微，茶商类多亏折，若不设法整顿，则中国固有之利，何能永保，即各商世守之业，亦且荡然。今特考其致此之由，代筹一挽回之术，为业此者详告焉。茶当未采时，丰歉原视天时。既采后，焙制实赖人力。香味色泽，烘晒兼宜，毫厘之失，精粗判焉。印度茶质，远不及我华，近因加意讲求，已成精品，而我独狃于积习，甘居人后，太自轻矣。今宜遣熟悉茶务者及能文之士，分赴印度各省，详求种植焙制之法，记载成书，归而仿行之。

每年当新茶上市时，陈列各品，禀请商务局员审其高下，定其优劣，择尤者给

赏牌，以资鼓励。日本明治十三年开制茶，共进会出品八百四十六家，陈品一千一百七十二种，由委员审其形状、色泽、火度、水色、茶滓、香味、收藏、价格、性质、原价而区别之，共分八等。茶质既美，制造又精，不胫而走，实可预决，则制法宜讲求也。茶市之坏，坏于制法之恶劣者半，坏于商情之涣散者亦半，闻某地之茶获利，群趋仿之。闻某种之茶获利，又群起效之，庄多则山价昂，货多则市价疲。于是，始则争夺，继则倾轧，而洋商转得乘间以施其巧。鹬蚌相争，渔人得利，究属何苦？宜严定章程，内地茶庄、口岸、茶栈应设若干所，各商会议后，禀明商务局，由局给凭，以示限制。其余弊端，若扯盘、若割价，凡于茶务有碍者，亦当设法挽回。买办藉洋商势昂私价贬客价以肥己，名曰扯盘。洋商将议成之价贬之，名曰割价。众志成城，洋商更何从挟制，则商情宜联络也。长袖善舞，多财善贾，自古有言，茶业尤甚。世人狃于茶利最薄之说，往往挟数千金，与富商巨贾相角逐，亏折之后，初无悔心，获利之时，欣为得计，是何不思甚也。资本既短，周转不灵，浸假而二春，浸假而三春，挹注无从，不得不贬价出售，为腾挪计。而一茶之价贬，众茶之价必随而俱贬，辗转牵累，为害无穷。宜于茶市未兴之前，邀商劝谕，使小股集为大股，数家合为一家，公推一人为之经理，庶既无垄断之嫌，又得合群之效，有裨市道，实非浅鲜，则资本宜充足也。

上年湖广督宪南皮节帅示劝购机制茶，法良意美，而茶商以宜英不宜俄为辞，迁延未办，此陋见也。考英人于三十余年前，以印茶乏香味，弃而弗顾，后由商会竭力整顿，销流始广。原印茶之所以乏香味者，非因制自机器，实其原质使然。若中国之茶，制以机器，其不失香味也必矣，就令销英，已可夺印度之利。印茶之价，较中国高数倍，若仿行之，价廉物美，何患不销。至俄国风气未开，目下似难畅销。然数年后，见香味不失，条子精良，舍彼就此，势所必然。宜遵照宪谕，购备机器，设厂焙制，先行小试，再图大举。至于茶砖、茶饼（大曰砖，小曰饼），销场尤广，亦宜设法仿造，与之争衡。俄人用茶，最重华制，今俄人茶箱，均冒效晋商牌号，以混耳目。盖俄之有茶，由晋商始也。销场之广，左券可操，则机器宜购备也。

西人之通商也，此来彼往，得失均之。中国则有来无往，故年来茶务，往往有洋商获利甚厚，而华商反受亏无穷者。彼知我底蕴，得施操纵之方；我昧彼情形，俯受抑勒之苦。贸易之道，不亦左乎。宜招集巨股，于俄英各口岸遍设公司，平时探报市情。遇有茶价被抑者，不在内地交易，径寄公司发买。如此，则茶务庶得有转机，公司亦可获大利。或谓肇兴公司六十万巨资，不及三年，遽行亏闭。虽公司

庸，何济不知此，特办理不善耳。西人来华设洋行数千家，我只一公司在彼，而不能持久，有是理乎？亦视夫为之者而已，则公司宜广设也。方今各国并力商战，如临大敌，中国独以茶利为天之所授，国之特产，因陋就简，不自振作，兴言及此，能无寒心？当此振兴新政之际，如能屏除习见，启发新机，封疆大吏，有不乐观，厥成而与之筹奖励之方，谋保护之计者乎？识时务为俊杰，盖早图之。

《申报》1901年5月23日

汉皋茶市

汉口访事友人云：镇上茶市业已开盘，计五林茶顶盘，每担售银二十四两五钱，其次二十一两五钱，或十七两五钱。聂家市茶顶盘十四两五钱，其次十一两五钱或九两七钱五分。洋罗茶顶盘十六两五钱，其次十二两或九两七钱五分。祁门茶顶盘五十六两，其次三十九两或三十二两五钱。临湘茶顶盘十五两五钱，其次十三两五钱或十一两五钱。新店茶顶盘十六两五钱，其次十四两七钱五分或十一两五钱。羊楼峒茶顶盘二十八两，其次二十三两四钱或十七两五钱。通山茶顶盘十八两，其次十五两五钱或十两五钱。通城茶顶盘十五两五钱，其次十二两五钱或九两五钱。宁州茶顶盘三十二两五钱，其次二十八两五钱或二十二两五钱。咸宁茶顶盘十七两五钱，其次十五两五钱或十三两五钱。

《申报》1901年5月30日

茶商董事上商务大臣盛宫保求减茶税禀稿

为茶叶价低税重，销数日绌，叩恩核减，以恤商艰，而维茶务事。窃思货价无常，涨落视乎销路，税征有定，损益原贵因时。咸同年间，申汉两处所售红绿洋茶，日销日广，售价逐高。当时所定值百抽五之例，每担完出口税银二两五钱，合之售价，尚不甚为相左。今则东洋产绿茶，印度产红茶，均免出口税，则又用机器制造，成本甚廉，行销甚广。故中国之茶，日行壅滞，无不互相贬价，年甚一年。近来，各商罢业居多，统核出目茶叶，较之从前销数，十绌其四五矣。若不急图补

救，恐江河日下，尽绝生机，何堪设想。

伏查汉口所售红茶价目，以祁门为最，高者四五十两，低者二十两左右；宁州次之，高者三四十两，低者十余两；河口两湖则又次之，高者三十两，低者十两以内。然论出茶数目，则以两湖为多，祁宁两处不及十分中之一分。统以汉口售盘均算，每担茶叶不上二十两之谱。绿茶则由申地出售，以徽州婺源为最，高者四五十两，低者二三十两；屯溪次之，高者三四十两，低者二十余两；歙县又次之，高者二十余两，低者十余两；若温州平水，则更次矣，高者二十余两，低者十余两。然论茶之出数，则以平水、歙县为多，婺源、屯溪不过十分之二三。通核售盘，每担在二十两左右。

商等就地完纳落地税，虽多寡不同，而出口税则，或由九江，或由宁波，或由汉口，或由杭州，每担茶叶统以二两五钱上兑。若最高四五十两之茶，尚合值百抽五之例。而低茶售价十余两者，已不免十取其二矣。兹值重修税则之时，素念宫保大人体恤商艰，无微不至，用敢不揣冒昧，环求恩鉴作主。或援值百抽五之例，统扯卖价，照章减税。抑或由申汉两地，俟洋商出口时，悉照价目，抽取五厘，由洋商交纳。倘有不便之处，则责成经售之茶栈按照卖价抽缴所有。经过洋关地面，似不必先行预征，庶于茶务稍留生路，而商等亦无从取巧。是否有当，恭候宪台批示遵行，实为公便。

《农学报》1901年第16期

商务大臣盛奏请减轻茶税折

奏为茶税过重，销数日少，吁恳减轻，以纾商困，而维大局，据实沥陈恭折，仰祈圣鉴事。窃自中外互市以来，中国银钱流出外洋不少，惟赖出口土货，藉以稍补漏卮。土货之中，向推丝茶为大宗，而茶叶则分红绿两种，红茶在湖北之汉口行销，绿茶在江苏之上海出售。从前外洋不谙种茶之法，各国非向中国购食不可，彼时茶值甚昂，不论货之高低，牵匀计算，每担可售五六十两至七八十两不等。是以茶叶税则，亦不分别货色，定为每担抽税二两五钱，按值百抽五之例，原属相符。

迨印度、锡兰出产红茶，日本出产绿茶以后，悉用机器制造，价本既轻。印度、日本又免征税银，锡兰不特免征，每磅并津贴银三分五厘，约合每担津贴银四两之多，力使畅销推广。中国产茶业户，则蹈常袭故，于种植焙制各法未肯讲求。

商人因销路日疲，或相率作伪，或贬价求售，茶盘遂至逐年递减，渐成江河日下之势。

臣宣怀前奉会办商务大臣之命，即准原任大学士李鸿章咨，据驻沪考察商务委员洪冀昌禀报。茶业一项，年年减数，请认真整顿，设法挽回，并探闻印度茶叶由云南浸入内地者，不下一万余担。若缅甸铁路一成，来源既易，非但中国出口茶叶渐少，恐中国销用印度之茶，反年畅一年。惟有减税轻本，免绝生机。正在核办间，适奉旨议办商税事宜。接准英使马凯开送商约大纲二十四款，内第九款即以减轻茶税为请，并据在沪茶商董事梁荣翰等联名呈称，咸丰同治年间，所售红绿茶价甚高，每担完出口税银二两五钱，商力尚可支持。近来销滞价跌，红茶最高者为祁门、宁州，绿茶最高者为婺源、平水，每担售价不过四五十两。其次之各种低茶售不及二十两，加以内地所完落地税、厘金等项，几于十取其二。际此重修税则，恳请体恤商艰，当经饬令随办商约之税务司斐式楷、贺壁理、戴乐尔，查明核议。去后，兹据该税司等先后查得，该商董所呈均系实情，并以中国运英茶叶，同治十年尚有一万三千九百万磅，锡兰茶仅一千五百万磅。至上年，中国茶只有一千八百万磅，锡兰茶则增为二万六千四百万磅。又中国运俄茶叶，光绪二十四年，尚有五千万磅，锡兰茶仅一百五十万磅。至上年，中国茶只有三千一百五十万磅，锡兰茶则增为一千万磅。即以中国近三年出口茶数而论，光绪二十五年，尚有一百一十四万九千余担。二十六年，只有一百零六万三千余担。二十七年，则仅有八十五万四千余担。比例参观，是洋茶日盛，华茶日减。恐四五年后，无人过问，亟应设法补救等情，具复前来。

臣等公同商酌再四，筹维国计民生均关重要。当兹时局艰难，赔款无出，尚何敢轻言减税，只以目击茶销壅滞，商力困疲。若再不亟图维持，微独华茶不能行销于外洋，转恐洋茶得以充斥于中土。与其将来税厘全失计，莫如暂为减税，使成本稍轻，销场渐旺，数年之内，出口茶必加多。其税自可抵减征之数，尚期收效桑榆，诚属两益办法。臣等本拟待商酌定后，再行请减。惟洋茶锐意攘夺，华茶年少一年，逾迟逾难补救。现值茶叶将次上市，若再不因时量减，坐使销数日短，税于何有？徒令茶业商民，俱失生计，无可挽回。此实关系商务，至大至急。臣等职司商税，何敢默然相应。吁恳圣明饬下部臣，转饬总税司，即将出口茶税改为按照时价，值百抽五，于定章并无违碍。庶几恩出自上，商困得以稍纾，商情必形鼓舞。目前暂少茶税，容臣等与税务司设法于别项出口货税，酌量加增，藉以抵补，并请饬下湖北、湖南、江西、安徽、浙江、福建产茶各省，于茶叶一项，减税之后，不

可再行加厘。俾免滞销而维大局，所有沥陈减轻茶税，以纾商困，缘由是否有当。伏乞皇太后、皇上圣鉴训示。谨奏。

《农学报》1901年第16期

论印度种茶源流

考印度种茶之艺，始于何时，今人犹能记忆及之。相传1780年间，有英国某武员，居于印京附近之西伯普尔城，从中国广东省，携来茶子，试植于园中，视为奇花异卉，以供游玩，此为印度种茶之始事也。迄今仅历一百二十年，印度茶利大兴，欧人之经商于印度者，向以靛青为大宗。今则以贩茶为利薮，骎骎然有日盛之象矣。

论印人种茶之始，与种咖啡不同。印人初种咖啡，由于官为创始，而民间逐渐推广之。若栽种茶叶，则皆由本地人创始试种，渐成为今日极盛之商务也。

论茶之出处，照古时欧洲游人之记载，谓茶叶产于印度雪山之南谷，其实非也，因见谷中产有一种似茶之植物，而误为是说也。若考茶之真实出处，则在于印度之亚赛地方，从巴玛普德拉至巴拉格一带山谷中皆有之，且有高大之茶树，与平常大树相等者。或谓中国茶叶，其初亦从亚赛得来，当在史书未记之前，其说似信而有征矣。

亚赛之产茶，久已湮没不彰，无人为之辟治振兴之。直至1826年，英人征服缅甸，始从亚赛携茶树、茶子入印度，是为印度输进茶种之第二次。1834年，英国印度总督，设立一管理印度种茶局，整顿种茶事宜，从中国运进茶秧、茶子，大兴种植。自是以后，至1849年，印度政府皆拨官地，推广种茶。又从中国聘请制茶良师，加工焙制。从此，印度茶叶始列于英京市上，成为百货之一宗。迨后未久，在印度更有私家所设之种茶公司，于是种茶之事，乃大兴矣。

然而，公司初立之时未能获利。亚赛种茶公司创始于1839年，除旧有茶树等园之外，又承领大段官地，以资种植，以故印度种茶各家，以此公司为最巨。又在雪山之麓有一地，名古忙，亦有退闲之文武各员，广辟茶园，以为生计。岂知地土或未合其宜，焙制或未得其法，以致出产无多，销场不广，本利尽亏，大失所望，遂有一蹶不振之势矣。

迨后，政府见商局之岌岌可危，亟筹整顿，以为补救之计，乃于1849年，将亚

赛各茶树园，拨归公家经理，以免荒弃。至于古忙地方各茶树园，亦归官办，派员经理，直至1855年。

亚赛茶叶之复兴，始于1851年。但自1854年，印度政府颁行新例，招垦荒地之后，印度种茶之农民，始大得其利矣。核计1859年之田册，共有私家所管之茶树园五十一所，所占山地甚广。他如巴拉格谷中有一地，名铅绰尔，亦于1855年始种茶叶。……

自是以后，种茶官商各公司之生意大有转机，在英在印各茶商，莫不加意整顿。至1865年，遂臻极顶。至于制茶之工艺，则进境较缓。直至1869年，始复其大盛之情形。嗣是种植之园林，焙制之局厂，亦复年增一年。今观印度茶市，真有日进无穷之势，然种茶合宜之地土，尚多未尽辟治。可见，将来出产更多，不但能敌中华，且能胜过华茶矣。

查1878年，印度种茶清单，计亚赛省共占英田七亿三万六千八十二亩，得岁息英金二京三兆三亿五万二千二百九十八镑。孟加利省六万二千六百四十二亩，得岁息五兆七亿六万八千六百五十四镑。烹斋省一亿四十六亩，得岁息一兆一亿一万三千一百六镑。玛特来斯省三千一百十亩，得岁息一万九千三百八镑，西北各省未详。

又查1891年清单，亚赛省种茶之地，共有英田二兆三万八百二十二亩，得岁息英金九京四兆四亿六千一百九十三镑。孟加利省八万五千五百七十三亩，得岁息三京一兆二亿九万二千八百四十二镑。烹斋省九千二百二十九亩，得岁息约一兆镑。玛特来斯城五千七百三十八亩，其出口茶价，共英金八万五百三十四镑，西北各省未详。

统计印茶出口之数，1878年，共重英权三京三兆六亿五万六千七百十五镑，值英金三兆六万一千八百六十七镑。1883年，重英权五京八兆二亿三万三千三百四十五镑，值英金三兆七亿三万八千八百四十二镑。1891年，重英权一垓一京一亿九万四千八百十九磅，值英金五兆五亿四千二百九十三镑。是年，玛特来斯及孟买等埠出口茶不在内。

又考1891年清单，印茶之运入大英各口者，共重英权一百兆磅有奇。按诸印茶出口总数，实逾十分之九。数年前，印京设立总理茶务专员，专为行销印茶，开辟新埠起见，今已于澳洲各埠，设立运销之栈，著有成效。初时，印茶运入澳洲不过八十余万磅。至1891年，而增至五百十余万磅。其次，则为波斯，亦于是年运销印茶四百十余万磅。至论印茶之运入美国，初亦多至六七十万磅。迨后为加税所阻，始渐减色。此外，又有从旱道运入中亚细亚者，亦年有加增。

印度全境种茶焙茶之法，大略相似，惟上印度一带所产皆为绿茶，以供中亚细亚各处之销场者也。大概印茶可分三种：一为亚赛茶；二为中华茶；三为合种茶。亚赛茶为本地种，大如高树，味最浓厚，惟种植较难，中华茶则小树丛生，因其种从中华得来，故名，味稍淡，叶亦稀。合种茶为亚赛中华两种合成，种者甚多，出产亦不少。

印度茶树皆用茶子播种，而生茶子形如大菜子。播种之时，以西历十二月正月为度，即华历冬月腊月之交，种后须慎加遮护。迨至西历四月间，发荣滋长，可以移植，于是分秧移种之工作，接连不绝，直至溽□□人，始其卒业。

印度种茶诸地，四围皆开□洩水之沟，独留中央高原，以莳茶秧，因茶树之根，万不可浸于水中也。有如亚赛一省，实为种茶最宜之地，其小山之斜坡，皆高出于湿地之上，远望山岭茶树分行排列，青葱一色，颇可悦目。

种茶之土泥，以山林新地为最合，更须加以霉烂植物之质，使之肥沃，并须勤力作苦以防大雨之冲刷，所以保护其肥泽也。开辟新地之法，于冬间伐去树林，再于春初用火焚烧其地，然后锄平之。届时，分种茶秧，以相间四尺为度。

茶秧种后二年，常时务去其四围之野草，以保护之。迨后每值寒冬，必修去其枝叶，即埋于四围，如壅田然。至第三年，即可采叶。嗣是以后，逐年增盛，至第十年，始觉生机渐乏矣。

茶叶之发芽开采，大概在雨季之始（印度岁时分三季，每年下雨一次谓之雨季），茶即发芽。是时所采者，谓之头茶。自西历三月至十一月间，所采之茶少至五次，多至七次不等。

采茶者皆妇女小孩也。每隔十日，入园采茶一次。其工资以茶叶之轻重计数，众皆持篮入山，满载而归，赴茶栈秤卖，茶栈收之，即为之烘制焉。

制茶之法，初皆摊于篮中或席上，使之干燥。如遇天气燥烈，越日即成，但有时欲其速成，则或用日晒或用火烘。次则为卷制之法，或用人工，或用机器，卷茶成细条或细珠，而后烘焙之。最后则用机器以焙干之，大概制法虽多殊异，其成功则皆不满。四五点钟时，今则皆用筛以拣茶，分别大小优劣，拣选配制各种茶样，装入茶箱，运诸远方。

中国茶叶久著盛名，故为出口货之大宗，乃近年来，华茶夺于印茶，如不加意整顿，江湖必有日下之势，愿振兴商务者亟起筹之。译者识。

《万国公报》1901年第151期

一九〇二

汉江茶务

汉口访事人云：汉口所销茶庄牌号，今去二年，互有增损，爰开列于后。上年湘潭五，今年无；湘阴四，今年同；楼底四，今年同；蓝田四，今年三；醴陵六，今年二；浏阳四，今年二；高桥十二，今年十九；平江十，今年八；长寿街十二，今年十三；咸宁杨芳林十七，今年二十；虎爪石一，今年二；白霓桥一，今年二；崇阳驳岸八，今年十二；北港临湘六，今年同；云溪十四，今年十一；白荆桥七，今年八；聂家市十五，今年十二；羊楼司四，今年同；桃源四，今年同；安化四十，今年五十三。上月二十四日，安化茶计到瑞芽、奇品、华宝等字号若干箱，系和记、恒发太诸家所办。同日，羊楼峒茶计到新□、葆芬等字若干箱，系大德生、天聚和诸家所办，闻开盘则尚需时日也。

《申报》1902年5月17日

汉皋茶市

汉口访事友人云：此间业茶之家，近已开市交易，计三月二十八日，祥太昌交履泰洋行宁州福保茶一千五百六十箱，每担价银五十两。二十九日，谦顺安交百昌洋行羊楼峒天宝茶三千一百八十箱，每担价银二十五两。厚生祥交百昌洋行羊楼峒春蓝茶三千一百五十箱，每担价银二十五两。三十日，熙太昌交顺丰洋行安化生记号拘华茶六百三十箱，每担价银四十两奇；品茶五千四百六十箱，价相同。又，天顺长长记茶五千一百六十箱，每担价银三十八两；早春茶五百箱，每担价银三十八两。诚记茶四千五百箱，每担价银三十六两；得春茶四千一百箱，每担价银三十六两。宝聚兴宝萃茶五千一百三十箱，每担价银三十五两；芙蓉茶五千一百二十箱，价相同。源生利源生茶五千一百二十箱，每担价银三十五两五钱。顺生福顺昌茶三百六十箱，顺发茶三百四十箱，每担均价银三十七两。福生祥安兴茶三千四百六十箱，每担价银三十四两五钱；脉华茶三千四百六十箱，价相同。又，谦恒祥密华茶三百一十箱，每担价银三十七两五钱。

《申报》1902年5月19日

汉江茶市

汉口访事人云：此间头茶现已开盘，计安化茶每担自售银四十两至二十四两五钱，云溪茶每担售银十三两八钱，龙坪茶每担售银一十三两，北屯桥茶每担售银十六两二钱五分，羊楼峒茶每担自售银二十四两至十七两，桃源茶每担售银二十五两，崇阳茶每担售银二十两，通城茶每担售银十八两，聂家市茶每担售银十六两五钱，高桥茶每担售银十七两。计至初三日止，两湖共到茶二百零六字，都八万五千六百六十件，售出一百零三字，计三万三千五百六十件。祁宁茶共售出一百字，都一万七千八百六十件。

《申报》1902年5月25日

茶市述闻

汉口访事人云：本年头茶之得利者，以祁门为最，宁州次之，湘中又次之。至亏耗者，以鄂中为多。推原其故，大抵因茶质太劣故耳。自茶市开盘以来，迄四月初八日止，两湖共到四百二十七字，计二五箱十七万二千五百三十件，售出三百六十四字，计二五箱十四万二千五百六十件。宁祁售出三百七十八字，计二五箱六万三千三百件。

《申报》1902年5月27日

茶市大兴

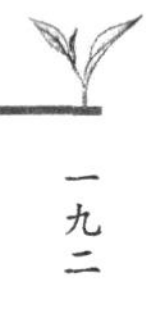

汉口访事友人云：本年茶业中人，现已先后开市，计宁州九十庄，武宁十庄，祁门、建德一百五十庄，河口五庄，九江、吉安五庄，共二百五十九庄。长袖善舞，多财善贾，亦可见其生涯之广，而获利之宏矣。

《申报》1902年5月31日

子茶入市

汉口访事友人云：自两湖及祁宁头茶贸易既毕，业此者即相率购办子茶，以与西人争什一之利。大约头批到埠，即在指顾间矣。

《申报》1902年6月19日

茶市述闻

汉口访事友人云：此间茶市自开盘至本月十三日，共到两湖茶一千零九十六字，计二五箱四十万零一千六百件；子茶十五字，计二五箱四千五百二十八件。售出头茶一千零四十八字，计二五箱三十八万三千五百件，宁祁茶一千零二十九字，计二五箱十八万六千件。迩日，各路子茶已□续运至，西商以来源不甚畅旺，两湖之货，尤不甚佳，故须缓日开盘，大约市价难望起色矣。

《申报》1902年6月30日

茶税新章

《京师公报》云：现在中国总税务司赫鹭宾宫保已将茶叶出口税改订新章，计红茶凡值银五十两以上者，征税二两五钱；在五十两、三十两之间者，征税一两二钱五分；在二十两以下者，征税六钱五分，刻已示各关转谕各茶商遵照办理矣。

《申报》1902年7月4日

一九〇三

运茶改道

日本某日报云：俄国入口货，以中华所产红砖茶为大宗，向由汉口陆路运至买卖城，经恰克图，然后用船载过黑龙江，以抵尾洛辣伊乌司他埠。或由黑龙江水道，运赴司托立铁痕司他。今者满洲东部铁路告成，与西伯利亚干路相接，因之俄国各铁路总理人，与各关税员计议，此后改由汉口直达他利尾，较为便易，中间矮痕卡辣河畔伊路他之司他埠，设一极大货栈，俾税员于此稽征。大约俄历三月一号，此事当可施行矣。

《申报》1903年3月1日

内阁中书康达呈请代奏设立茶瓷赛会公司禀（1903年）

为恳请代奏事，窃维中国物产富饶，甲于五洲。自互市以来，商战日绌，年甚一年，即茶瓷两宗，为中国独擅之利，亦听洋商任意抑勒，莫可如何。其故由于彼之所有能运之以来，我之所有独不能运之以往，遂使太阿倒持，漏卮外溢。洋商得以操纵自如，所以出口、入口远不相敌也。

伏读九月初十日，贝子爷所上《敬陈管见》一折。首以商务为亟亟，而于赛会一举，加意讲求，选派官绅劝导赴赛，并照通例免税，派船遣送，免收川资。种种维持，凡以振兴商务，收回利权。幸蒙圣明俞允，中外有识之士，无不同声庆幸，以此举为中国商战之一大转机。

凡有血气者，宜如何黾勉从事，踊跃争先，庶无负此良法美意。夫欲制胜于商战，举中国所有者，应以茶瓷为大宗，而茶瓷之销路，应以欧美两洲为最畅。从先茶瓷出口，皆洋商在华购买，其由华人自行运往者甚少。既无由悉其奥妙，亦莫能争自濯磨。故华茶日见减色，而英商掺入印度茶，乃反称上品。华瓷不合西式，而东洋劣等之瓷，反觉畅销。此可知今日茶瓷两宗，不能广行于西国者，非工艺远逊彼之故，亦由经理未得其人也。

职等不才，平日颇知究心商务，而于茶瓷两事，尤所深悉。现在邀合两行殷实之家，业经商定专办赛会，公司章程，集有巨款。拟在祁门监制红茶，在景镇烧造瓷器，务在翻新涤旧，择精选良。届期运赴美国会场，当场比赛，以期夺帜遐方，增光君国，于通商大局不无裨益万一也。

惟是华商赛会，从前本属寥寥，今当创办，集款至数万金之多，且欲另行招股扩充。苟非奉有明文，及一切保护之权宜，则亦未敢冒昧从事。不揣冒渎，恳请代为奏明立案，并请旨饬下商务大臣，照章优予保护，尽力维持，则所以抵制外来之货物。虽属有限，而其可以恢复已有之权利，实觉无穷。职等无任，迫切待命之至。

（清）颜世清：《约章成案汇览》乙篇卷四十二下《成案》，清光绪上海点石斋石印本

茶市开盘

汉口访事人云：迩来祁门头茶，已源源来汉。初开盘时，每担价值约须银六十两，不意数日来，忽骤涨至七十五两。至羊楼峒、聂家市二处之茶，亦已运至汉皋。羊楼峒茶每担价约三十两，聂家市茶则只二十一两左右云。

《申报》1903年5月23日

茶市开盘

九江访事人云：此间茶市刻已开盘，计祁门茶每担由银五十三两售至六十八两。宁州茶每担由银四十四两售至五十二两，武宁茶每担售银三十两左右，兴国龙港茶每担售银三十二两，通山茶每担售银二十五两。

《申报》1903年5月25日

外务部咨北洋大臣整顿茶务公文

为咨行事，光绪二十九年三月十五日，据驻美代办使事参赞沈桐函称，华茶来美，自西正月一号起，一概免税，中国茶商可望日有起色。然向来华茶入美由广

州、上海两处，办运居多。前伍大臣初至时，茶税未重，华茶来美者多，屡经税关查验，茶叶香味不纯，中多掺杂，致被扣留。商人纷纷呈控，当时为保商起见，不能不极力驳论。其后详加访询，乃知商人作伪，或以劣茶充作名品，或以影射假冒牌号，一经发覆，无可置辞甚矣。惩羹吹虀，波及同业，因一累百，商本大亏。诚恐此次茶税虽免，倘愚民无知，仍蹈前辙，有碍商务，实非浅鲜。欲革其弊，应由内地产茶、办茶等处地方官，传知各商，剀切劝导，并饬集众公议，定立行规。如有包掺伪饰，假冒字号，从严科罚，不准徇私，并于出口处由商人自设公所，随时抽验，务期精良不杂，获利必丰。此外，应如何机器焙制以求合宜，论磅装载，以归划一，酌立公栈，以济转运。自相保险，以收利权，则在各行，随时体察情形，妥筹办法，不必官为经理等因前来。

查中国出口土货，茶为大宗，美既免税，自应严禁掺杂，以期畅销。业于正月二十六日，咨行南洋大臣，转咨产茶省分，遵照在案。兹复据该参赞函称，各节洵为整顿茶务，切要办法，除再咨行南洋大臣，分咨产茶各省督抚转饬各国，暨各关分别晓谕商人，一体遵照办理，并将议定章程随时呈明咨部备案外，相应咨行贵大臣，查照可也。

《申报》1903年5月30日

俄茶改道

汉口某茶行，得俄京圣彼得罗堡仝业公函云：现已定议运茶之路，改由旅顺直达木司科，盖此路税则运费，每一铺得共需五卢布。前此取道海参崴，虽关税□轻，然关吏留难特甚。去岁，俄商雷德所运之茶，迄今尚留滞泰丰栈内，不但多靡保险费，抑且销售失时。况由崴以达俄京，每一铺得运费税则至少须卢布四元六角有奇。今由此路转运，所费无几，而既速且安，万无意外之虞，刻已由诸俄商联名禀请户部，上达俄廷报可矣。

《申报》1903年6月4日

制茶法

茶有煎茶、红茶、碾茶、乌龙茶等，种类极多，其制法不异。

煎茶又称绿茶，玉露亦属此种，然其制法，与寻常煎茶异，故兹但述一切煎茶制法。茶之新芽，渐开至生四五叶，采其末端三茶，直盛之蒸笼中，豫以大釜沸水，釜上置笼蒸之。凡三十秒间，以茶渐粘着搅拌之箸为度，散而播之冷台上，以扇扇之令冷。然后送至焙炉室，以稳火热之，徐蒸发其水分，谓之露取。水分渐尽，见叶已凋，即徐以两手揉之，更扩散而复揉之，凡数十次。迨干燥之度愈盛，而用捻揉力亦益强，乘叶色未黑，悉收入焙炉中。既冷后，更以焙炉热之，极力捻揉至色渐黑，即以两掌揉之，以移于炼焙炉。茶叶干燥过度则易碎，故宜留心。观其已干，即用筛及箕除粗恶之叶及杂物，精选更干燥之，而后贮之壶中，壶宜闭密。又其未精选时，移之于低温度之焙炉，更令干燥，亦一法也。

红茶制法，通常曝以日光而干燥之，然后用发酵法。

碾茶有二种：曰薄茶，曰浓茶，皆为老树，以物覆日光。而摘采其叶，唯蒸之而不捻揉，干燥碾转，以成细末。

乌龙茶，台湾制之，其制法与前法相异处，唯熬炒耳。

《农学报》1903年第2期

记印度茶税

印度官吏，以本年二月建一议，凡印度制茶输往外国者，每磅课税仅一抔（币量名）四分之一，意在广销路于海外也，议既作准。今印度总督，命委员二十人，遵照新章，司征收茶税事，见诸五月中《印度官报》。其后，委员会首次会议于坎尔咳搭，各选定执事人等，并就委员会将来之方针有所议定，举如左（下）：一为本年夏季所制绿茶四百万磅，予以补助金，每磅得金六抔；二为陈列印度茶于散鲁伊斯博览会一事，若果查明确有津贴资金之余力，当助金五万卢比，以供其用；三为奖励印度输往南印度各地，故拟拨金一万二千卢比，托诸常务委员主其事。此金足支六个月之用，以每月用二千卢比为率。

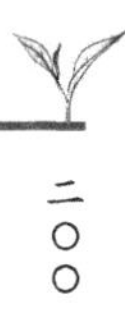

津贴绿茶一事，印度政府及该地茶商公会，久已主持是说。至赴会赛货，为推广销途之一法，今所以决计允行也。此举实仿自锡兰，先是锡兰于数年前既用斯法，成效昭著，故初时每茶百磅，仅课税十先令，今则增至二三十先令，而茶商亦不至受困矣。又闻锡兰茶商，亦为至散鲁伊斯赴会事，热心筹画，拟为兹举，用费二十二万五千卢比云。

《农学报》1903年第29期

记俄国茶税

万国砂糖会议，俄国不与其列，故英于俄产砂糖课以重税，俄人衔之，谋所以报复者。锡兰茶向入俄境，仅课税三十一卢布余，今则增至三十三卢布，是假他国茶商以一绝好机会也。

日本砖茶之输入俄国者，向本无税。而明治三十二年以前，输入俄境者，仅岁值二万元内外。三十三年，增至五万元。三十四年，增至十万元。三十五年，增至二十五万元。今乘锡兰茶增税之时，而推广日本茶之贩路，其有成效也必矣。但质不精良，货有赝伪，亦安能博信于人，此则茶业家所宜致意者也。

俄人之谚曰："可一日无面包，而不可半日无茶。"其需茶之切，与吾辈之需米相同，俄国实一销茶之巨市也。甲午之役，华茶之出口至俄者，殆已绝迹，斯时日本又未留意及此，故锡兰茶得以乘间推广销途耳。如斯机会，顾可坐失也耶！

按俄人向多购华茶，自锡兰茶攘我于先，日本茶夺我于后，而销数骤减，已成弩末矣。今观他人方倾轧之不暇，吾国茶商，不早为谋，恐并此弩末之利，亦不可保。奈何！

《农学报》1903年第29期

一九〇四

保护茶商

汉口采访友人云：日前京师外务部电达湖广督辕内开武昌张制台冬电，悉向来通商货物非运往战地，不在禁例，俄商由原路运茶回国，照章一体保护。既据俄使照会，咨行尊处，转饬晓谕在案。日本所禁饮料，系指明其运至战地，认为陆海军所用而言，茶叶不在战地，自可照常贸易。希查照饬遵。江。

《申报》1904年5月7日

茶务述闻

汉口访事人云：此间茶市，自日俄构衅以来，依然照常贸易。惟只由英德两国轮船装载，而无俄船运之出口者，殆因战事使然乎？

《申报》1904年5月22日

安徽地理说略（接十二期）

如上所说，皖南的地方，多山少水，除了太平府的全境、宁国府的宣城宁国南陵三县、池州府的铜陵贵池东流三县以外，其余的县分，大概都是山多田少，所以皖南出米顶多的处所，就要算太平一府同宁国、池州两府的半部了。但是皖南地方，虽然有许多出米不多的地方，然而除了徽州以外，其余的地方，每年也可以够吃了。那出米顶多的地，每年有许多吃不完的米，常常运到芜湖出卖，因为芜湖是个通商码头，轮船来往甚便，常时有广东人或他省的人来此买米。每年总数实在不少，大约芜湖一年出口的米，拉长扯算，总有二三百万石，这宗米的价钱就有四五百万的银子。

这一宗出口的米，虽不系全全然出在皖南，然而皖南的米，大约总占全数中十分之二三，所以这一笔银子养活的人也就不少了。但是近来的总督抚台，常用一个法子，要买贫穷人的欢喜，这个法子，就是当时不许米粮出口。他说道："米粮出口一多，价钱必要腾贵，贫穷的人就要没有饭吃。”所以常时禁米粮，不许装到外省去卖。这种意见，真真呆极了。看官，你要晓得近几年来，雇人做工的工钱也很加了许多，比起十年前，二十年前，差得远了。这是什么原故？因为近年各项吃用的东西比十年前贵了许多，所以做工的工钱也加了许多。若是米粮更贵了，做工人的工钱自然会加上去，断乎不怕没有饭吃。若遇着米粮贵的时候，就没有饭吃，这种人必定是游手好闲，不去做工不会赚钱的人。这种人自己不做事，要想吃便宜的米粮，真是地方一个蛀虫，多饿死几个也不要紧。

现在的官府，还要去顾恤他，真真是发呆，况且游手好闲的人，他为什么乎怕饿死？就是靠着米粮便宜，一天混了二三十个铜钱，就可度活一天。

所以他不肯出力去做事，若是米粮一贵，吃饭很不容易，他也就要战战兢兢的出力去做事了。现在要给他吃便宜米粮，这真正是害了他。况且更有一个道理，米粮虽是给人吃的，似乎比别的货物要紧些，然而毕竟可以卖钱，也就同别的货物一样。譬如有一种货物，卖起来很可赚钱，做这货物生意的人，必然一天多似一天。到了这个时候，必然要比较这货物的高低，高的更可赚钱，必然人人想法去做高的了。我现在所说这个譬喻，就是说米粮贵了，种田的人必定更多，种田的人多了，必定要想法子将农业改良。唉，我们中国自古到今，农业不能改良，不能有进步，这也就是米粮不值钱的原故，所以皖南的荒田现在还多的很，因为种田的利息不大，所以人家都懒的去开垦。

皖南出产也很不少，除了米粮，还有茶叶、水果，以及那山上产的木头及他各种东西。但可惜除茶叶以外，其余皆不很多，所以不大著名，就如皖南出产的水果，也不过供本地人吃罢了。内中仅有宁国府、徽州府出产的蜜枣同徽州府出产的雪梨，稍微装到别省去卖，其中情形，我也不很清。

不便多说了，惟茶叶一项，每年出产实在不少，约计这一项茶叶的价钱，总有四百万两，也要算一笔顶大的生意了。皖南茶叶的生意分为两种：一种是洋庄；一种是土庄。做土庄的生意，就是将茶叶装成篓子运到苏州地方，或别处地方，加上珠兰茉莉花，然后再装到各省去卖，大约北京销这种茶叶最多。这土庄茶叶，徽州、宁国、池州三府都有出产。洋庄茶叶仅有徽州出产，大概分为红茶、绿茶，红茶产的地方以祁门最多。

祁门红茶，在中国茶叶中间很有名。买红茶的客人，以俄罗斯国的人为最多。祁门红茶卖的法子，是在祁门将茶做成，再装到九江重新改做，装成箱子，再装到汉口去出卖。祁门这一宗出产，每年也很不少。况且祁门又出一种白石粉，这粉就是景德镇做瓷器的顶好材料。听说现在徽抚台在祁门设了一个局，要想由官收买这种白石粉，抚台的意思如何？我也不晓得了。看官休要厌烦，听我再说绿茶。皖南绿茶出产，也在徽州一府，歙县婺源县最多，其余休宁绩溪县亦有出产。绿茶由出产地方略微做好，送到茶行里，由茶行重新改做，装成箱子，再到上海去卖。这收买绿茶的茶行，休宁县屯溪镇最多，歙县深渡地方亦很不少。（未完）

《安徽俗话报》1904年第13期

郑观察世璜拟改良内地茶业办法上江督禀

敬禀者。窃职道前承面谕印度、锡兰种茶制茶各法。中国究竟能否仿行，并饬再将仿办情形，条陈核夺，仰见宪台，讲求实业不厌周详之至意。窃查机器制茶之议，创始于光绪二十二年间，前督宪刘嗣经札饬茶厘局程道始别示谕，筹劝当据祁门分局洪令，禀复祁门、浮梁、建德三县茶商。禀称该处穷山僻壤，地瘠民贫，用机器制茶，与一二万贫民生计有碍，禀恳转详乞予免议等情，准茶厘局据情详复免议在案。窃以为彼时风气未开，商民不知机器利益，故有妨碍贫民生计之说，实则英人用机器在印锡制茶几六十年，夺我全国茶利，即蹙我全国生计。若我终不改良，将来华茶无行销之路，何但一二万贫民无生计？故现在急起直追，力求整顿，参仿西人现成之制法，实挽回吾民已失之利权。且向来应用之采工、拣工，并不能因机器而废，则与贫民生计仍无妨碍。可知此职道在印锡所身经目睹者也。中国各省产茶地广，为全局计，自不能不统筹改良。惟是现在财政奇绌，商情涣散，运输濡迟，非惟力有未臻，抑亦势所不逮。为今之计，惟有暂设官厂，并择简便易行之事先行试办一二年后，确有效果，然后分别筹劝商办，则全局改良，不劳而自举。兹谨就管见所及，分晰缕陈办法如下：

择地设厂以便商民效法也。各处风气之通塞，系于民性之智愚。倡兴实业者，应从较有把握之处入手。查安徽祁门自改绿茶为红茶，畅销外埠，商民已知其利。如于其间设立机器制茶官厂，以为提倡，则转移之机，自较他处为易。加以今岁该处商号漫无规则，制法未能一律，跌价贱售，亏耗尤甚往年。乘此时会，亟予改良，商人见机制造，成本较轻，获利较厚，必能避重就轻，集资仿办，或以茶叶为股本，附入官厂运销，尤为官商两利之道。

购机造厂务须设法省费也。凡机器须购办引擎制造，应先建厂房，极小规模，

非万金不办官厂。试办之初，成效未著，尤宜慎重，且机器运入祁门，道路崎岖，多一物即多一费，而每年需用之时，不过二三月。停工耗息则须九十月，此不能不预为筹及也。闻祁门之倒湖创办瓷土厂有年，锅炉引擎，马力甚大，造土厂房亦甚宽广，收茶既适当，其区运输亦甚为便利。若能每年租用二三月，则厂屋仅须添造晾架，楼房、引擎可以装配，造茶各器否或腾挪四五间，或在场边接造，但租借多余之马力，则开办时只须购办碾烘筛切装箱各器，省费已属不资。试办有效，然后徐图推广。惟瓷土厂为皖省实业，能否租用，应由宪台咨商安徽抚宪查核，如可通融，则提拨数万金可以开办。

官厂事权应责成皖局也。印锡茶叶，公家无税，由茶商会馆自行抽收茶厘，以作报馆告白并一切招徕之费。中国茶总皆系外销正项，不能作有益茶事之用。官商性情隔阂，大率由此。查祁门茶厘分局为皖南总局所辖，若倒湖设立造厘，官厂自应仍由总局兼辖，以一事权。其常川住厂办事之员，则须遴选熟悉外洋茶务之人，否则以厂为官立或另设查办提调等名目，不但虚糜公费，而于商情亦毫无联络，其弊将使官厂自为官厂，商号自为商号，与全局茶务仍无裨益。

花香溢利应设法挽回也。查祁门红茶之叶尖碎末，名曰花香，西人用牛奶掺和饮之，称为上品。本地各商号因所出无多，不以为意，岁由贩夫收买，运至九江售于西人。茶厂在祁收买每百斤不过值洋十二三元，在九江出售约得价银十八九两。西人用机器放热气蒸透，随用钢模压制成砖，运至香港、上海、汉口等处销售，获利几倍。近年在九江，洋人已有派人至祁收买花香之事，闻每年溢出之利多至数万金，各商虽艳羡之，终以零星涣散，不克收回此利为憾。兹既提拨官本设立官厂，应请添购压砖模型，收买花香制成茶砖，自销自运，以塞漏卮，即暂时弗能自制，亦宜由官厂收买，汇数运售，毋启外人侵占内地利权之渐。

手足碾揉须实行禁用也。印锡制茶，其要在碾压用器之佳。祁门土法，凡茶叶采下，倾入缸内，男女用脚践踏，或用手搓，秽浊不堪入目，因之西人盛传华茶不洁，有碍卫生，销路由兹日窒，现欲大加改良，则彼零星山户商家，碍难全行仿效机制，欲其轻而易举奏效无形，惟有按照碾机尺寸，饬匠仿造，一律改用牛马推运，或仿砻坊磨谷之器，用人力转旋，颁发山户商号，缴价领用，不准再用手搓足踏。如其无力购办，则饬数户合购，其价或按月摊缴，以为改良基础，余如烘筛装切诸法，再行渐次讲求。

专收青叶以便如法仿制也。印锡之茶，凡采下青叶，应先铺晾架晾干，再行碾压。祁门山户，每径用手足碾揉及晒成半干，则挑售于商号，分等收买，尚须重经

烘筛，每百斤制成干茶不过七十斤左右。据去岁山价翔贵之时（半干茶收买谓之山价）每担干茶合银二十二三两左右，若祁门设造茶官厂，应仿印锡制法，势不能与商号一律收买。已干之茶，应于首年正月传知各山户采下生叶，按日输送厂中，俾得如法晾干。如遇生叶无多，则厂价较市价略高，山户送茶必多踊跃矣。

编成白话以广劝研究也。西人于植物理化科学研究甚精，故种茶、制茶各新法日有增进，学界新闻中时有传播。吾国墨守旧法，以致旧时声价如江河之日下，而商民居万山之中，声息罕通，去岁胡为而获利，今岁胡为而亏本，并不能确指其原因，此蔽聪塞明之咎也。拟将印度锡兰种茶、制茶并经历各厂情形，编成白话，刊颁山户商号，使知外埠兴盛之故与华茶受病之原，相与讨论，改良新法。

设立学堂以提倡风气也。吾国向无专门之农产制造学堂，树艺一途，亦非率尔操觚之事，应知何处土宜何等高度、何项时令、何种原质、何路销行、何法简捷，研求精当，方能与外人争衡。欲求此项人材，非广设茶务学堂不可。查此次奉派带往印锡之书记员陆溁，潜心科学，理化亦精，随同考察茶务，并研究商工实业，尤能体会入微。近更在皖考察内地茶事情形，亦颇有见地，将来开办官厂，暨设立茶务学堂，在在需才。该书记足应其选，俟学堂既立，新理日出，自能以新法改革各省旧习，而中国茶利可以从此挽回。

以上数端，皆目前切要之途，非迂缓难行之计。职道为振兴茶业起见，是否有当，仰祈宪台察核，批示祇遵。

《南洋官报》1904年第34期

一九〇五

茶市起色

浔城今年茶栈采红茶者，添开至十二家，采绿茶者三家，大有蒸蒸日上之势。上月二十六日，张瑞丰信局雇夫挑运进山，头批茶银十九担。

《申报》1905年4月13日

汉镇茶市现象

（汉口）本年雨水过多，各处产茶均不甚畅茂，较之去岁，不免略减，茶价遂因之高抬。现在祁门茶已到一百零三字，尚未开盘，两湖内地各路之茶，约本月望日左右，可以到汉矣！

《申报》1905年5月21日

九江茶市

（九江）新茶现已开盘，计祁门茶四十四两至五十五两，宁州茶三十二两至三十五两，余容续报。

《申报》1905年5月27日

汉口茶务纪要

今年茶讯极坏，业此者莫不受亏，惟上等祁门茶，已经售罄，其次货尚存二三千箱。宁州茶共到七万五千箱，售去二万余箱，初开盘时，上等茶值四十至四十五两，次货三十五至四十两。近日则上货跌至三十至三十五两，次货二十二至二十七两，照此价每担约亏折七八两至十一二两之谱。两湖茶直有不堪设想之势，盖两湖茶共约二十余种，无一种不亏七八两，前日头春竟有跌至十二两者，为近三年所未

见云。

江汉关监督继观察，照会驻汉各国领事，整顿茶务交□照会事。据茶业公所禀称，窃内地出口土货，以红茶为大宗，是红茶之盈绌，实关商务之盛衰。现逢朝廷振兴商务，红茶一业，系与外洋交易，弊窦丛生，华商之受亏已极，亟宜设法剔除，以保利源。如果实惠下逮，俾茶商得藉官力，弊绝风清，则诸凡商民有所观，或其机未有不勃然兴者。□商等查洋行诸弊，不皆出自洋商，大半由账房、仓房、华工假威藉势，渔利中饱者为多。若辈只知惟利是图，不恤华商命本，不顾洋商声名，前经□章禀请历任关宪办理，著有成效，奈日久玩生，前辙仍蹈，以致茶市锐减，日甚一日。若不极力整顿，将来江河日下，匪惟商务不振，恐大局亦不堪设想。为此，胪陈各条，恳照会英、俄、德、美国领事官，通饬买茶各洋行遵照向章，除绝弊窦，以昭诚信，而维商务等情。据此分别照会外，□□照会，此照会贵总领事馆烦查照，希即谕饬买茶各洋行，一体遵照施行。

《申报》1905年7月3日

商部饬各省商学会整顿制茶札

为札饬事。光绪三十一年六月初十日，据驻使馆商务随员莫镇疆禀称：印度产茶日盛，英人极力经营，开畅销路，专以抵制华茶为宗旨。遂有广布谣说者，谓华茶色青，因入有铜绿，最能毒人，并绘华人制茶之图，光足揉践，形容污秽。西人竞言卫生，群尚清洁，颇为所惑。至印度所产之茶，谓英政府派有大员监制，用机器卷茶，用热气焙茶，复于各国通商口岸，广刊告白，极论印茶之佳，遍散于城乡市镇以及茶馆酒肆，俾妇孺皆知，以资畅行。窃意此等传说，有害于我茶市，实非浅鲜，除在奥与商部商会各人员随时辩驳，并设法笼络茶商，使其自为论说申辩外，理合将实在情形呈报等语。查印度茶味浓涩，远不及华茶香滑，中外人所共知。徒以印度茶善用机器制造，配合精良，足以补其所不及。中国茶味虽佳，每因人工之疏，货色之杂，遂并其本来之美而反失之，故价值益贱，销场益滞，英商复极力诋毁，图遂其畅销印茶之谋，我华商若不及早设法，力求改良，广著论说剖白其有益无毒之确据，恐泰西各国日滋疑惑，听英商一面之词，先入为主，将专食印茶，而华茶之销路以绝，其为患何堪设想？为此合行札饬该商学会，知照各茶商，及考印度制茶之法，仿效求精。以华茶味美质良，若再加焙制，严戒掺杂，尤易合西人口味。再一面刊布告白，俾群疑尽释，庶几就衰之业藉可挽回，维持商务而保利源是为切要。此札。

《农学报》1905年第9上期

一九〇六

论说上海商帮贸易之大势

杨荫杭

…………

徽宁帮，即安徽帮。或言上海此帮商人之数，约十万内外，此虽非确数，然其数之多，固无可疑。此帮中在上海，为下等生活者极多。据徽宁会馆调查，其确数盖四五万。安徽帮所营之业，以茶为大宗，安徽茶商久居上海营业者固不少。然其多数皆于五月间运茶至上海，宿于行栈中卖之，至九月间乃归。安徽之茶，类皆输出外国，每年运至上海，合红茶、绿茶约六七万担。此外，则墨商亦为安徽人，所谓徽墨也。墨之买卖，有即在上海行之者，亦有通过上海运至各地者，而要皆由安徽运至上海。此外，徽人更开设饭馆，名曰徽馆，更有当典、棺木等业，皆此帮之商业也。

…………

《商务官报》1906年第12期

中国制茶业之情形

译《日本工商汇报》

杨志洵

第一　上海

一、制茶交易之大势。……制茶故为上海一重要之输出，惟近年其额渐退步。……

二、茶业之组织。上海茶业之组织，分为三部：生产家、承办人、输出商。而承办人，又分为买办与茶栈二种。买办又分为二：一立于生产家与茶栈之间者，二立于茶栈与输出商之间者。盖生产家各以其所制之茶，先托第一种之买办，以委诸茶栈。茶栈更托第二种之买办，以售诸输出商。凡生产家与日本生产家不同，日本生产家之制茶，恒有绝大之规模。中国生产家则收买小茶园之出产而自行制造。至

于茶栈者，则又为立于生产家与输出商之间之重要机关，以受生产家之委托为主。所受委者，红茶则提取经手费一分，绿茶则提取五厘。茶栈必能代见托之人代运其货入栈，俟既售之后，更运交货资金无误，方为合式。输出商则用买办，向茶栈购置自己所需之货，而其买办亦可向茶栈索取经手钱。红、绿茶经手钱皆以一分为度。售定以后，倘买主、卖主有何争议，买办应执调停之劳。

…………

中国绿茶亦有二种，曰路庄茶、平水茶。路庄茶，即屯溪、婺源、徽州附近所产，与日本无色茶同。平水茶者宁波、绍兴所产，与日本着色茶同。装货所用之箱，谓之二五箱。红茶所用，概长一尺二寸七分，幅一尺三寸八分，深一尺零四分。绿茶所用，概长一尺四寸五分，幅一尺三寸二分，深一尺三寸二分，用杉木或枫木，内层用铅。

…………

第三　汉口

汉口距离上海六百里，位于扬子江之上流南岸，当四通八达之冲。其工商之盛，与进步之激，为中国第一。世人谓之支那之市俄古，第据茶业而观，为红茶最大之输出港。茶之输于俄与英者，大率于此。西历1904年，制茶之输出，不下九十万零五千七百五十八担，超于上海三十五万担。（未完）

《商务官报》1906年第22期

汉口商业情形论略

节录《湖北商务议员孙泰圻报告》

…………

重要出口货情形。甲茶，汉口所销之茶，来自湖南、江西、安徽，及本省之崇阳、当阳、通山、咸宁等处，旺年值银约一千万两以外。尝查近三年盈绌之数，惟三十一年受亏最巨，盖在一百万两左右。窃维华茶不振，实有江河日下之形。……

大抵华茶制自人工，产于僻地，因陋就简，必不能事事求精。或因阴雨而发霉，或因火烟之未净，致色香味皆由之而变。现此间茶业公所，已将讲求焙制之法编成白话，刊贴各产茶之区，并设法多方晓谕。至华茶之非不洁，亦业已刊登西报，竭力辩明。惟市价之为洋商把持，一时实难骤挽。查此事实由商人自私自利，不顾大局有以致然。如样箱一弊，始自赣皖茶商，继及湘鄂，历年议禁议革，终未能齐一人心，究竟采样取巧者，终无所得。……

汉口茶商向分粤、皖、湘、鄂等六帮，平常不甚联络，欲通力以维大局，颇不易行。议员现正筹拟提倡补助之方，俟有端倪，再当呈报。兹谨将三年来茶业情形列表于左（下）：

（一）近三年茶叶价值涨落表（以每百斤算）[1]

年份 名目	光绪二十九年	光绪三十年	光绪三十一年
祁门春茶	三十七八两至七十两	二十二三两至五十八九两	一十六七两至五十二三两
宁州春茶	三十两至四十五两	二十一二两至四十三四两	一十六七两至四十三四两

（二）近三年茶叶销数表（每件）

年份 地方	光绪二十九年	光绪三十年	光绪三十一年
两湖	六十一万一千一百六十三件	六十四万三千二百零八件，比上年多三万二千零四十五件	五十四万零六百二十八件，比上年少一十万零二千五百八十件
宁祁	一十九万三千九百五十一件	一十九万九千一百二十件，比上年多五千一百六十九件	一十八万三千三百二十一件，比上年少一万五千七百九十九件

（三）近三年茶叶盈亏表

年份 地方	光绪二十九年	光绪三十年	光绪三十一年
两湖	盈约一百万两	盈五十万两	亏约一百万两
宁祁	盈亏未详	盈亏未详	盈亏未详

《商务官报》1906年第23期

① 以下表格内容略有删减。

中国制茶业之情形（续）

杨志洵

汉口茶业之组织，殆与上海同，贸易之权力，全为英美及俄国商馆所握。外国商馆之本店及支店，有所谓百昌洋行、新泰洋行、阜阳洋行，皆俄国茶商之最大者，各备砖茶之制造厂。然汉口红茶贸易，实已大受印度、锡兰之阻碍。前曾供给世界消费十分之八零六，而今仅有十分之二零五耳。今茶销于英美及加拿大者，为数顿减，惟销于俄者，尚日增耳。1892年，输出二千七百万磅。1900年，四千三百万磅。近尚略有增加，输于俄之砖茶，年在二十万担以上，即西比利亚地方且销二万五千担内外。今汉口输出之茶价额，合算岁获一千万至一千二三百万两不等。

第四　九江

九江……亦红绿茶集散地之一。据1903年统计，制茶自此地输出者二十四万担以上。1904年，不过十九万担，尚不失为重要之输出港。但九江之茶，非能直行输出，必经由汉口或上海，其地亦有砖茶制造厂。

…………

第九　中国茶业之大概

……同治初年，各国茶商争集于镇江、汉口、福州、九江，于是湖南北之茶都萃于汉口，江西、安徽之茶都萃于九江，江浙之茶萃于上海。既而，九江之势移于汉口，宁波、福州之势移于上海。汉口为红茶之大市，上海为绿茶之大市。今日之茶市，每岁始于三四月，终于七八月。十年以前，售一百万箱以上，少亦七十万箱，湖南北所产占三分之二，江西、安徽所产占三分之一。每一担茶，最低值十两，最高八十两。上海茶市，始于五六月，终于十一月。每年售茶五十万箱，安徽所产居其半，浙江所产居其半。……

中国茶交易衰颓之原因。曩者占世界茶业十分之八者，今竟不足十分之三。其所以至是者，厥故亦多端矣。而其大要，不外下之数者：

（一）厘金税及其余征税。凡人一涉足中国之地，未有不闻厘金税者，不知厘金税之性质，未足与言中国之贸易也。抑厘金税者何欤。……就茶业而言，其税额生产地与通过地不同。又厘金之外，尚有各项征收。今大别为四种：（甲）生产地之统捐，即厘金之第一者；（乙）地税，即按产茶之土地而纳之者；（丙）通过税，譬由上海至汉口，其通过各地必有税，但税率不同；（丁）海关税，又谓之口税，即在通商口岸所纳者。光绪二十八年以前，每一担纳关平银二两五钱，嗣后减为一两二钱五分。……

（二）生产家及商人之情形。中国商人皆守数千百年祖宗之遗法，其栽种之道，素未讲求进步。由其制造之初，迄于运送，一切方法，并袭古不变，非独生产然也，商人亦然。虽老于茶业者，问以伦敦市面之情形，不知也，告以印度、锡兰茶业之扩张，知愕然而倾听之耳。

（三）法制及其余之不备。民法、商法皆未全备，商人乃自以其各种之团体，而成无文字之法律，以束缚商人之习惯。其无文字之法律，又多据古所遗传，与今日文化骎骎之商界不能相适。

商业之重要机关，如银行及货币制度，亦未发达。旧有机关之近于银行者，曰票号、银号、钱铺。票号有一定之组织，稍具银行性质。至银号、钱铺，则无一定组织。通用货币，复极复杂，各地不能互相通用。至银价之涨落，钱市之高低，皆足为商业之阻力。

（四）他国茶业之竞争。试考中国茶输出之统计，1890年英国总输入量二亿一千万磅。其内，中国茶五千八百万磅，印度茶一亿磅，其余则锡兰茶也。1900年总输入二亿八千万磅，中国茶一千八百万磅，印度茶一亿四千万磅，锡兰茶一亿二千万磅。更考欧美及其余之总输入，1890年总计三亿八千万磅，中国茶一亿八千二百万磅，日本、印度、锡兰及其他处，合计一亿九千八百万磅。1900年总计四亿六千万磅，中国茶一亿六千万磅，其余则日本、印度、锡兰等茶也。至印度、锡兰之输于欧洲者，以1890年之额与1900年之额相较，所增者十分之七强。此茶日增，则中国茶日减必矣。(完)

《商务官报》1906年第23期

美国茶叶之贸易

美国人民多嗜咖啡，不甚嗜茶。虽然1905年在美国销售之茶叶一百十二兆九十万五千五百四十一磅，值美金十八兆二十二万九千三百十元。且最近十年来，大都

印度、锡兰之茶，贸易极盛，为中国所不及。此非因中国之茶味劣于印度、锡兰，而实因英国作茶叶贸易之人费无数金银于各报章、各铺户、各通街之墙壁上，遍刊广告，揄扬印茶之美，而贬抑中茶故也。惟其如是，则茶叶一项，销售于美国者，自然以英国为首，而中国之茶不免落于其后矣。地面上宜茶之地，其圈界颇广，如锡兰，如日本，如中国，如印度北部之山地，如南非洲之那他勒，皆是也。且有一年之间，两月积雪，而茶树并不受伤者。前有美国博士某君尝谓，东亚之花草，其精神与东美之花草无异。即此一语，美国人遂有自种茶树之意，顾欲知美国之能种茶与否，先有三事之考验，一天气，二地味，三人工也。

美国天气与地味，无不宜茶者，而人工则最为难端。盖作工之人，既较中国、日本、印度倍少，而工价之贵，亦远过于亚洲。惟南方一带，作工皆使黑人。从前黑人之工，以采棉为主。今如改而令采茶，转移颇便，故南喀柔来那邦有一大商，创立种茶公司，得政府之助，办理已近十年。其所种之茶，一为中国之龙团种，每一英亩，年采茶叶二百五十磅至三百磅；一为印度种，每一英亩，年采茶叶三百五十磅。至锡兰种则不能植，因地气之热不如也。

人谓中国茶叶多产于山坡，今美国则竟植于平田之中，而所收之茶并不选于山坡所产。是茶树尽可植于平地，初不必山坡也。凡茶叶以滋味为最重，种于美国之茶叶，颇有特别之滋味则更□□。

为茶叶贸易所当注意者有三：一种类之优劣；二工作之良窳；三贩卖术之工拙。三者失其一，则贸易必衰。故美国之业茶者，特设一学堂，专收黑人，一面读书，一面教以采茶之工作。采茶之法，所当注意者又有三：一每日每人能采若干；二剪伐枝干必须合宜，使树不伤；三所采之叶，须择嫩者，不可过老，习练既熟，则此等小儿所程之工，可较东方人为多，而工价不嫌其大矣。

采茶之后，继以制茶，制茶皆用机器。其绿茶之制法，本极粗陋，今则不然，先以烈火烘之，次置于不通风之箱，使热蒸气透过，乃经卷叶之机，再烘使燥。至红茶制法亦极精，而大半均恃机器以成之，经人手者甚少焉。夫茶用手制，易受污秽，中国制茶机器之利未著，仍沿手制之旧习。此西人之所以不乐用，而销行之滞，亦其一大原因也。

《万国公报》1906年第213期

一九〇七

江督致赣抚电

请准祁商赴饶运米

（南京）瑞抚台鉴，据安徽祁门绅商公电，祁门向不产米，历年仰食江西。现饶郡禁米出境，祁将断炊。转瞬茶市，数万人断米，则商歇业，恐匪徒煽惑酿事，除乞县驰禀外，深虑缓不济急用，特冒恳电咨赣抚讯饬饶守援案准祁贩运等语。所称尚系实情，祈公俯念邻疆民食重要，一视同仁，迅饬饶州地方官，准予祁商到饶买米贩运，至纫公谊，盼复。方。

《申报》1907年3月16日

赣抚电饬准予祁商赴饶运米

（江西）江督端午帅电咨赣抚，请准安徽祁门商人赴饶运米等情，已志昨报。兹悉赣抚接电后，即电饬饶州府张太守，酌量照办。略谓查粮食本贵流通，前因本省米贵，不得已暂禁出口。祁门与饶州唇齿相依，向来食仰给于赣。况米茶市人多无米为炊，必滋事端，饶亦恐为波及。即有米，岂能独安？去年义宁新昌之事，可为殷鉴，请即分饬各属剀切，晓谕绅民，力顾大局，准由祁民来饶属购米，以恤邻难，而靖地方，并饬随时妥为弹压。惟应否酌限运数，及办理情形，先行电覆。

《申报》1907年3月19日

中国茶业会

译《字林报》

议论中国之茶叶贸易者，几无年无之，然每一论出，效力甚微，此近日西人霍西所作《中国与他国贸易报告》中之言也。中国种茶者既泥于成法，而中政府于此项贸易，又不求进步，致其业日衰，故议者虽屡议之，而终无实行之效。又以议论多歧，不足以警中国官民，使之一日翻然醒悟也。查中国各处向系种茶之地，已渐

更种食米芝麻等物。盖种茶者以为种此等食物，其每年获利，可较种茶为丰也。据1902年之调查，是年中国出口茶税已减少十分之五，当时每担茶税只收海关银一两二钱五分。然以锡兰、印度茶业之竞争，征收此数于贱价之茶，尚觉过大。将来西比利亚铁道既通，汉口一隅茶叶贸易之至俄国，必较便捷。若茶税再能减收，则运往者必众，而茶市又可发达，此其利益正不可量，而孰料今日汉口茶之运往英国者早已停止。即福州工夫茶，向盛销于美国、加拿大及澳大利亚各处者，亦已大减矣。

西商之业中国茶者，亦与中国同受损失，不得不全归咎于种茶者，及无远虑之政府，征重税之外，而复加无定例之厘金于产茶之地，及装茶出口之埠也。然西商于此，颇能醒悟，故有中国茶业会之设。是会也，于西历正月十六日，由英国之业茶者，在伦敦聚议而成。当时曾举有寓英中部董事，及上海、汉口、福州等处分部董事。该会之设，其实行之意，可望中国茶之价值，莫与争竞。因此，数人皆以为中国红茶将从此更得人之癖爱矣。而医官之考察，有反对于收敛性之浓茶者，实亦使饮茶者癖爱中国茶之先导。西人克拉克有言曰："如有人欲得无伤身体兼补养之茶，则可购中国红茶"。此实该会成立之宗旨也。

印度、锡兰两处之种茶者，乘中国茶业之不求进步，遂一跃而增进，其商业茶业会鉴于此，正不必遽生恐怖。盖此两处产茶之性质各异，将来于茶业上仍可占一地位。故吾英在两处之茶商，亦不致不能保其固有之获利，此中盖有两大原因也。一则彼等业已经历艰苦，制造极佳之茶，早成一特别之种；一则彼等又极力招徕，使其货得受公众之欢迎。当1893年，锡兰之种茶者，凡遇货之出口，尝定一自由之税，厥后销数果增两倍。今则每百磅只收税三角，而去年所收之税，亦达四万二千磅有奇。中国政府于茶税之外，复加厘金，此岂可望一旦豁免哉！故中国之茶商，前固操有独胜之权，不加注意，而购者自众，莫与争竞。今则境异时迁，欲恢复利权，以挽回其既败之业，非克自振兴，而请政府之极力经营也不可。

《申报》1907年5月8日

茶　产

(英)莫安仁　　(华)徐惟岱

茶不宜于寒带而宜于温带，岁须得雨六十寸，顾亦不能旷闲时期，或潦或旱，凡属温带，无论何所，悉可种植。惟土肥而含有沙质者为最，盖有沙则水可流通，无积滞霉烂之患也。若在高岭，不在平原，则尤妥。种后三年发叶，极柔嫩，采取之初，以竹木器盛之，曝日中，即津津有酸香各质流露而出，并发红灰点，一面用火焙烤，焙烤之法，以叶倾入大铁锅内，上下盘旋，一再更换，旋复用手揉搓，令各成拳曲形，并去其茶子零屑等件，再一晒之，而叶俱变作红黑色，凡欲其质味之如何，无不可随人意之制造以定。

今日本茶可种至北纬度之四十度，而中国则以三十五度为率，俄之黑海中有大山，高峰插天，四周皆系沃壤，亦可下种。其始产于缅甸，由缅而到处移植，散布东西各国。入华以后，以天时地利之不同，而其气味乃亦有特别之处。按缅甸茶树高几五十尺，叶亦较大，而中国则甚低小，惟性质坚韧，与缅甸种迥异。至英国则于十七世纪时，茶叶方行入境，而至今各国用茶之多，则惟英为首屈一指。

印度与锡兰岛，茶多红色，栽于山上。其最高之山，不下六千尺，清香扑人，味颇浓沃，大抵各国产茶之所以英亩均计之，每地一亩，约收三百至五百磅。而印茶则尤丰盛，试就庚子年一岁，锡兰岛一处而言，每亩有收至九百九十六磅者，其他可以想见。

红茶最上者曰泼可爱，以最新嫩蕊制成，其茶均卷而未舒。方十八九世纪时，欧美各国所用之叶，大抵购自中国。迨道光纪元，有人于中国、印度接壤之亚萨地方瞥见茶树。自是即移种印度，而印茶遂年盛一年，锡兰之所产亦不少。欧美人之业茶者，航海纷纷，其视线遂集于印度一隅，而不至中国。

顾中国茶，质味甚佳，为地球最上品。惜以他物掺和，并制造不佳，遂生出种种恶现因，鲜人过问。而其茶砖之出售于俄罗斯……近亦多购印茶，恐将来中国茶更形退步，则尤当局者所不得不早筹及者也。盖揆各国之意，非不喜中国茶，且价亦较廉，特其办理不善，则亦无可如何耳。表列后。(下略)

《大同报》1907年第12期

一九〇八

革胥阻挠学务

祁门县南乡小学堂设立，最早近有藩署已革之，书吏戴起洪等阻挠茶捐（捐本出于茶户，每斤抽取二文，由茶号经收，现在已收之捐，匿而不缴），并邀王基大、胡文伟至学堂滋闹，使学生纷纷散学，县主赵某不但不认真维持，反从中推波助澜，闻该县绅士拟上省上提学署禀控云。

《安徽白话报》1908年第1期

英伦华茶近情

自印度、锡兰茶盛行欧市，华茶销场日微，近年英人设一华茶商会，专事推广华茶销路，以冀获利，此举于中国茶业，或有转机。兹将该会上本馆钦使函译，附华茶商会上本馆钦使函（西历一千九百零八年三月初九日，即中历三十四年二月初七日）略云，近得茶商公所报告，知西历一千九百零八年二月以前，九阅月内，华茶进口总数，较诸上年，所增逾倍，此固由是数月中，茶市畅旺使然，然华茶销数之旺，亦未始非敝会，竭力推广之效也。读锡兰报所载一节，便知其详。今将原报附上，祈一并呈贵钦使察阅。昧该报之意，乃欲劝令印度、锡兰两处茶商合谋抵制华茶进步，若是则敝会，恐当其冲。贵钦使公事贤劳，敝会同人尚未获聆训示，惟敝会有不能不亟陈于贵钦使之前者。敝会本轻力微，当此巨敌，若贵政府不能援手，恐华茶销数，日即衰微，甚为可虑。查希腊野尔葡萄干一业，自得彼国政府助资，广登告白，销数近已加至三倍。华茶情形正与相类，且更有一事，足征多登告白之益，盖敝会近接利物浦。妥玛若望公司来函谓，去年十月至十二月终（均西历），华茶销数，确较上年冬季加倍，可见登报告之益云云。该公司已立多年，且为良格墟茶商领袖，良格墟地方居民约有三四百万，所言茶市，必有把握也。

《申报》1908年7月3日

各省水灾汇闻

（安徽）皖省自五月二十后，苦雨连天，洪流满地。至二十五日，又大雨倾盆，银河倒泻，山洪更涨。婺、歙、休三县受害最惨，休之龙湾、高枧、屯溪等处漂去，人民、畜牧、货物、田庐不知凡几。其屯溪河街一带民居、铺户，一刷而空，溺死人口无数。新安江中散木、浮棺顺流东下。屯溪各洋庄茶号茶叶尽被水淹，而歙县西南各村镇被灾亦重。婺源则大畈、江湾以及官亭各处沿河一带，民居、田地多付东流，其幸存之屋则东倒西歪，未死之人亦流离失所。此诚近来未有之巨灾也。

《申报》1908年7月6日

照登徽帮售茶水客公缄

徽宁会馆执事先生台鉴，历年敝帮抵申，均蒙赐宴，感谢良深。今年虽未奉召，然既有此成例，想必援照而行，却恐不恭，自应待命。惟念今年灾情甚重，需振孔殷，多进一文，即能多活一命，我辈若贪口腹之微，而忘同乡之惨，问心似亦不忍。现在公议，函请尊处将本年徽州茶商延资，移济徽州水灾，在尊处不过一转移，而灾黎则隐受惠泽，即敝帮同人亦不啻亲扰。……肃此奉恳敬请善安。徽宁会馆谨具。

《申报》1908年9月2日

华茶销俄之个中人语

昨报纪梁士诒致茶叶会馆筱电一则，知运茶赴俄，随时放行，不加限制，并劝茶商趁汽车交通之便，直接运销外蒙等情。茶商亟宜趁此时机，挑选正货，力谋推广，盖俄人最嗜华茶也。据茶业中人言，兹有随使节回华之某君，谈及某国商人，谋推广印茶销路，设肆邀俄人入内品茗，不取分文。俄人以不对口味，裹足不前，是可为深嗜华茶之一证。当此新茶正旺，果拣选细叶，不掺次货，运入俄境，必定

欢迎也。

又一访函云：华茶官馆，前接总商会函，转奉外交部、农商部暨税务处电，华茶运俄贸易事，已商准协商国，实行弛禁，并令总税务司饬关放行。茶商闻命，为之一慰。兹又接总商会函，奉税务处电，略谓运茶赴俄，现准弛禁，已饬关随时按立征放，名茶商呼吁之余，得此效果，急应设法装运。惟英商公会致函总商会，略言由沪出口轮船，多留吨位，装运丝茶。现时尚难办到，当再转呈英国政府，以冀疏通云。

《银行周报》1908年第20期

一九〇九

中国茶况

译《日本通商汇纂》

杨志洵

…………

中国红茶能仍受英人之欢迎与否，尚在疑议之间。昨年底伦敦积货未销者甚多，而印、锡、爪三处之茶所存则无几。盖中国茶业家急于出售，不顾市场之景况，每届茶市开后，二三月内，则全市所积，几足供一年之销用，故销路偶滞，存货必多，此其通弊也。

今年中国各地茶况，闻惟祁门茶品货颇良，徽宁茶未有改善之迹。汉口茶概与寻常相等，祁门茶运至汉口者八万五千箱，宁州茶一万箱。汉口茶价之高低，向依供给之多寡为定。据茶业家言，湘潭所产一担值十四两至十五两。

中国绿茶，昨年初商人颇遭困难，幸当开市以后，中央亚细亚市场熙春茶之需要顿增，来者至十九万箱，价格亦颇相当，故茶商未至大受亏折。

昨年输向英国之绿茶，不过百七十万磅，而实际到英者共有五百万磅，盖因入市者稀，乃陆续由大陆各市场转运而至也。昨年茶之输向北亚非利加各口者，销路甚旺，惜所销皆下等之货。中国绿茶品质优良，迥非印度、锡兰所能拟。昨年出产之区多被水荒，尚增多四百万磅，其产额之丰，更可知矣。……

《商务官报》1909年第18期

汉口茶况

本年春季天气顺适，茶树发育甚良，而以祁门茶、宁州茶为优胜。祁门茶上等每担值七十两，中等五十两，下等四十两；宁州贵至四十两，贱则三十二两；湘鄂之安化茶，每担值二十二两至三十五两；羊楼峒茶二十两；桃源茶二十二两内外。今试据开市后第一星期内，新茶在汉口之贸易额，与去年比较之如下：

新茶在汉口贸易额与去年之比较[1]

（单位：箱）

种类＼年份	本年	去年
到汉口之数(汉口茶)	149495	126142
到汉口之数(九江茶)	20807	91727
计	170302	217869
取引之数(汉口茶及九江茶)	15383	57166
起运之茶(汉口茶及九江茶)	154919	160703

第一星期茶价与去年之比较

（单位：两/担）

产地＼年份	本年	去年
祁门	三十五两至七十一两	三十二至六十七两
宁州	三十二两至四十两	二十一至三十七两
湖北	二十两	二十一两五至二十三两
湖南	二十二两	二十两五至二十八两
安化	二十三两至二十九两	三十两至三十六两
湘潭	——	十七两至十八两五

《商务官报》1909年第19期

茶业改良议

谨按农工商部札为整顿茶业，挽回利权起见，实我业之急图，亟应集议妥筹禀复。

查单君至中说略，本其热诚，发为伟论，亦殊佩服，特敝栈开设，垂五十年，

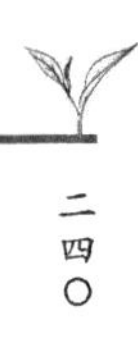

① 表名系编者所加。

不无一知半解，姑以阅历所得，见闻所及，择其切实有益、简易可行、收效较速者，贡其一得之愚。

单君谓茶栈、茶号、茶户，分为三橛，未能联为一气，此诚的论。惟设立总公司，买山辟地，兼出产焙制而包举之。窃以为谈何容易，窒碍必多，莫如先由江西之义宁州，购备豆饼或菜枯，招茶户（即园户，种茶之人）认领，自行栽培茶树，仍向园户售价，每斤抽回若干文，以抵购料垫款。查曩年该州出产最旺时，可有二十万箱，今年陡减至六万箱，且茶味淡薄，良由园户不犁土，不耘草，不下肥，任彼自生自灭。若论制焙，则已日益加精，只须善培茶树，于犁土、耘草、下肥三者，缺一不可，果能照此法行之，不独出产佳美，可卜收成丰厚，不难复曩年之出数，是挽回已失之利权，端赖此举。四月间，江西抚宪曾派委二人赴宁，劝谕山户，下肥种植，议久无成。应请大部电催江督赣抚迅赐拨款三四万，派员直接与该州官及茶业绅商，订定章程，妥筹办理，务在速成。至祁门、浮梁、建德三县之茶（向统称之为祁茶），向来于犁土、耘草、下肥三件，行之无倦。故出产年年加多，茶味年年加厚，沽价亦年年增长，由二三万箱，今已加至九万五千箱。此三处不必改良，决其进步，奈洋商每以他茶掺杂祁门茶，防之之法，宜向大部请领商标（另议详章，禀部请领），以保固有之利。

查外洋近年行销印锡等茶，多于华茶恒六七倍。推原其故，印锡茶味浓，华茶味薄；印锡制茶用机器，吾华制茶用人力；印锡茶月月可摘，时时可制，华茶每年可摘三次，间有仅摘一次而尽者；印锡转运用铁路，吾华铁路未通；印锡则概是大公司，吾华则多是小茶号；印锡制茶用火力，华茶必藉阳光，得天地之清气，所以其味甘香，前有洋商试用机器制之，味反不如；印锡茶出口无税，华茶每担厘税合至四五两不等；印锡得英人极力保护提倡，派人四处演说，广登报纸，一味揄扬，更力诋华茶之不洁，此种用费年计数十万至百万两。其实印锡茶多暗掺华茶，华茶味虽薄而有香，印锡茶味虽浓而滞涩。查英、美、德近年运销华茶，实已微乎其微，独俄商仍甚注意，是以宁祁、两湖等处之茶，只靠俄商销路。查俄人近年购茶，最喜味浓。如味薄，纵属佳品亦不取。然不犁土、不耘草、不下肥，则茶味日益劣薄，收成日益稀微，是宜先从宁州下手速办。倘蒙大部大宪实力提倡拨款，委员会同州官、茶商迅速办理，一年小效，三年大效，一处办起，各处仿行，不独收已失之利权，兼可宏将来之销路。前年协和、天裕、天祥、同孚等洋商，发起倡设华茶会社，雇人演说，及登报纸，辨明华茶有益卫生，并无不洁。每年由汉口六帮公所资助数千金，前江督端亦拨助六千两。行之二年，无甚效果，因款微固不敌印锡公司。然不切实整顿，从栽培

茶树下手，舍本逐末，纵日日演说，日日登报，庸何益哉！若夫减轻厘金，或由关税一次并征，以纾商困，是在大部主持，我同业未有不祀祷以求者。

单君谓印锡花香，转运来汉，借称转口瞒税一节，实不刊之确论，应立禀部，移咨税务大臣查照约章，分晰理由，切实禁止，务在必行。

俄美商最忌茶末，茶叶中有末掺入者，即贬低价目。若叶中末子稍多，便无人过问，每受大亏。

茶叶最忌洋油气味，成箱之时间有掺些洋油，糊裱箱口封条，取其易干，不知洋人闻有洋油气味，或退货，或割价，因此受累不少。又或误雇曾装过洋油之船只（因未净舱），运茶出山，致箱茶亦沾染洋油气味，则洋商亦退盘割价。以上二条，既已自知其弊，改良亦不甚难，是在我同业广为布告，务使周知，切弗再蹈前辙，致贻后累。

自前年起，两湖、宁祁均不解样，概卖大帮，行之三年，宁祁茶无一字退盘割价，是成效大著。独惜两湖茶，则此风仍未尽息，其故何欤？此条应由汉口六帮公所集议，切实整顿。

宁祁箱茶，概是由浔装输运汉，到汉立可寄存洋栈，投买火险，万无一失。若两湖茶则概由山内装民船来汉，湾泊小河，无栈房寄顿，狂风骤雨，在在堪虞，失事时有所闻。于是不得已而贬值求售，市情因之不振。宜合资速建一极大公栈，能容二十万箱，商力不足，禀求大部借给认息，分年拨还。此条应由汉口六帮公所集议，取决禀部。

以上各条，悉本阅历所得，见闻所及，专指宁祁、两湖而言。至于徽茶，则敝栈经售较少，平水茶则向未经历，不敢谬赘一辞，应如何改良之处，候我同业厘订妥章，并将敝栈献议各条，邀集同业公评。倘有应增应减应改之处，细细磋商，俾臻至善，总期切实可行，收效较速，毋辜大部振兴吾业，挽回利权之美意。

《商务官报》1909年第26期

改良义宁茶务之司画

（江西）前署义宁州杜玉堂大令禀请，设法挽救该州茶务，奉抚院批，行劝业道会督绅商山户，极力改良，以期挽回利权。傅观察当以该令所陈，宁茶受害约有三端，要皆由于培壅、采摘、焙制诸法，素不讲求，所致欲除其害，非设法改良不

可。从前外洋概不产茶，必须向中国购运，近来印度、锡兰、日本已次第产茶，洋茶渐多，华茶销滞，若不亟为维持，异时华茶不能行销于外洋，转恐洋茶得以充斥于中土，利源坐涸，漏卮愈多。日本产绿茶，印度产红茶，培壅用肥料，则出产旺，焙制用机器，则成货美，畅销之源，实由于此。该州向产红茶，售茶价值不及祁门，出茶数目不及河口，向以馨茗堂为各绅商会集之所，应即设立茶务讲习所，研究一切种茶、采茶、制茶之法。该所开办各费，由道署酌量发给，提倡改良，日昨札委梅大令前往，会同该州妥筹办理。

《申报》1909年5月20日

祁门焚毙茶工惨闻

（安徽）祁门县监生汪偲志在该邑开设复福顺昌红茶号，关订歙、休等县工人三十余名烘茶。讵前晚工人睡熟，致将茶叶烘烧，房屋、货物均付一炬，并烧毙工人九名，受伤数人。经该邑令前往勘验，由该号主捐钱抚恤烧毙及受伤各工人，准予完案。

《申报》1909年5月29日

汉口拟组织茶叶公栈

（汉口）汉口茶业为商务之大宗，近来年年失败。今岁茶市闻较曩年尤坏，从开盘日起，计宁州茶销去十万箱，尚存二万箱，两湖茶销去四十一万箱，尚存八万箱，最低价值售至八两，而成本须十三两余。除祁门茶、安化茶通盘核算，亏折约二百万以外，各茶商以年年有害无利，来年决计改业，现商会协理汪炳生君，拟禀请农工商部，设法挽回。由部商借邮传、度支两部银一千万两，组织公栈，来年先将各色茶囤积，不准减价，再由各茶商出款维持。闻其公栈，拟用交通银行新建之大堆栈云。

《申报》1909年6月23日

札饬妥议改良茶务办法

农工商部札上海商务总会文云：据安徽茶商单致中呈称，汉口茶叶公所接准商务总会照会，奉部札发华洋茶十二种，仰众商考验，设法改良等因。经董事传知各商，开会集议，六帮均有代表到会。就中最注意者惟茶栈中人，而茶栈素分两湖、宁祁两派。最注意者又推宁祁茶栈，其性质系代宁祁茶号售茶，不惜为同业百计求全。前年购印度、锡兰各色红茶，自行研究，刊布传单。此次又在公所详加试验，表面以印锡茶为胜，内容远逊华产，独惜明知缺点，卒不改良，良由茶栈、茶号、茶户分为三橛之故，不能联成一气，未可与议改良联之之法，莫如设立总公司，兼出产焙制运销，而包举之。最重尤在出产，一面买山种植，重用肥料，以图远效；一面向茶户租赁原树，代培试办，以收近功。惟商力不足，可否由部拨款，倡设制茶官局，抑将公款借与妥商，或茶栈承领，专归商办，并详述掺杂劣茶之弊出于洋商，非出于华商各节，附呈宁祁新茶，统希钧鉴等情前来。

查华茶为出口大宗，近年销路衰减，前途岌岌可危。本部有鉴于此，节经札行各议员，照会各驻使，考求中外茶业得失。遇有论说可采者，无不甄录通行，以期集思广益，渐求挽救之方。本年奏定筹备事宜，亦有讲习茶务，调查茶市，改良茶业各专条。该商单致中所陈三橛，联成一气之法，不为无见。惟兹事体大，非合力通筹必不足以资补救。上海为茶市中枢，各帮商董见闻较确，利害盈亏，尤有密切之关系，合即抄录原呈札，行该商会，即便遵照，传集各董事，悉心详议，按照原呈胪陈各节，通盘筹画，拟定切实办法，迅速禀部核夺。

《申报》1909年8月12日

华茶近年行销外国情形

行销华茶最盛者莫如俄，其次莫如美，檀香山亦一大行销地也。

近年华茶出口颇见增盛，红茶岁达百兆磅以上，绿茶岁达四十兆磅以上，茶砖几及百兆磅，茶末亦有数兆磅。其输入俄境与输入美境相较，凡茶至俄之太平洋口岸者，三倍输美之数。又由陆路至西比利亚，由水路至俄之界欧洲者，则均与输美相埒。是俄人之销用华茶，固明明五倍于美人者也。

推原其故，良由美人之销，用锡兰、印度等茶，较俄人实多也。若分析言之，凡华茶出口输至美者，岁三十余兆磅，输至菲律宾者，岁三兆余磅，其输至英者，占输美总额四分之三。由香港外输者，占输美总额之半，输至欧洲大陆者，则不及占输美总额之半，其大较也。

大抵茶砖广销于俄，美市则未见有此物。盖俄人取输运之便，故竞销茶砖，而美人则嗜华之红茶、绿茶也。

其茶末一项，美人亦不用之，贸易册上未见载茶末之名。英人则渐有乐购者，将来茶末或能畅销于英，亦未可知。其出口红茶，曰工夫茶、乌龙茶、上香茶、小种茶、宝枪茶、香茶、花香茶。又出口绿茶，曰珠茶、蛾眉茶、熙春茶、元茶、杂类茶。年来业华茶者，颇有进步，政府又力图改良，西人尤注意于此。此后之起色，固有可预冀者。

《东方杂志》1909年第6期

安徽茶商单致中改良华茶说略

敬略者窃四月二十八日，汉口茶业公所接准商务总会照会，本月二十四日，奉农工商部札开，查近年华茶输入外国之数逐渐减少，大半由于华茶不洁，及奸商舞弊所致，不速整顿，将来日趋日下，实与我国茶叶前途大有妨碍，并颁发华洋茶十二种，仰众商悉心考验，设法改良。俾出洋华茶销路日见起色各等因，仰见堂宪维持茶务挽回利权之至意，捧读之下，钦佩莫名。比经茶业董事潘汉传传知驻汉茶商开会集议，是日，六帮均派代表到会，商人亦与焉。

就中注意此事者，仅茶栈中人，而茶栈素分两湖、宁祁两派，最注意者，又推宁祁茶栈。盖两湖栈之性质，代两湖茶号售茶者也。其茶端由各号备足本资，不假茶栈垫款，投此投彼，本无定向，谓之街茶，箱额最多，人心至散，其得失与茶栈毫不牵连，如厚甡祥、熙泰昌等栈是。宁祁栈之性质，代宁祁茶号售茶者也。先期遣人，专驻出茶之区，招接字号，遇有资本不给，以及沿途运费、关卡税厘，全赖茶栈接济。此项垫款，每岁动需数十万金，其得失与茶栈大有关系，如天保祥、新隆泰等栈是，是等茶栈，不惜热心苦口，为同业百计求全。闻其前年已购到印度、

锡兰各色红茶，自行研究，于华洋短长之处，略见一斑，刊刻传单，分告各号。此次又在公所详加试验，当取我中等华茶与印锡互相比较。就表面上观之，印锡茶苗条结练，洁净整齐，做工自著特色。至内容则其色虽红而见枯，叶虽嫩而带硬，水似浓厚，啜之，不甘味，无清香，嗅之转浊。比我中等华茶，瞠乎其后，遑论高等。可见吾华土壤膏腴，物产深得地利。其一种天然美质，实为全球所无，独惜栽培不力，采制不精，诚为缺点，明知缺点，而何以卒不改良，良由茶栈、茶号、茶户，分为三橛故也。

试分言之，茶户不识不知，锱铢竞惜，平时不加灌溉，临场又省人工，但求博取钱文，不顾货色优劣。因陋就简，省事为佳，习惯自然，牢不可破矣。茶号掷资营业，原想谋利，乃年年蹉跌，岁岁滞销，不得不求成本之减轻，以作贱沽之张本。既欲价廉，又欲货美，势必不能。况茶户负戴而来，既已大同小异，若不兼收并蓄，便成明日黄花矣。茶栈为华洋交易枢纽，讵不为同胞力争上流，奈来源杂遝，好丑并陈，价之高低尚有微力，货之高下爱莫助之。纵有一二有心人，出而维持，然茶号以数千计，茶户以数万计，安得家晓户喻，而劝之耶？此之谓三橛，不将三橛联成一气，未可与议改良也。

何以联之，莫如设立总公司，兼出产、焙制、运销而包举之，最重尤在出产。一面买山辟地，种植新茶，重用肥料，以图远效。一面向茶户租赁，原有之茶树，代加培植，先行试办，以收近功。可用人力者用人力，宜用机器者用机器，总期精益求精而后已，期以四五年，新种之茶既成，租赁之茶退还各户。彼见公司生涯日有起色，自然亦步亦趋，不击自动，天下事人代为谋，不若己自为谋之亲信也。教之以利，不若自趋其利之真切也。

谓予不信，试征之天保祥近年之包庄茶，又征之祁门本年之新现象。包庄茶始于戊申，乃俄商阜昌洋行欲买一绝顶之品，半贡俄皇，半试销路，因市上无此妙品，先出定银，特托天保祥代办。该栈派人往祁门设厂，首行租赁茶树之法，焙制别具心裁，特未用机器耳，祁门各号莫不笑而非之。迨此茶出洋，俄皇大加奖赏，投售者亦一扫而空。次年定额加倍，又不够销，本年正月，法商慎昌洋行亦向该栈订购。到汉之日，与阜昌平分，给价照市上最高之盘，另加十两，并立合同。此后箱额只能加增，不能减少。祁人闻之，遂有十余号仿照办理，究不及此茶之精致，各洋行亦复纷争抢办，价值竟标至八十两以上，实为从来所仅见，讵非提倡之力欤？

以上所言犹小效焉耳。苟有资本充足之公司，不拘宁祁、两湖，先择一埠入手，逐渐推广他埠，其应响必更神速，惟商力实有不足，可否恳求堂宪，倡设制茶官局，令各商保荐精于茶务者，效力其间，假以权柄，专其责成，否则将公款借与妥实商人，或茶栈承领，专归商办。查山陕资本家开设票号，其法大率类此。此系公款，自当按年缴息，分年拔本，俟公司发达，仍须酌提报效，抑或官商合办，于公司两字，亦属名实相符。所虑分头招股，久稽时日，有始无终耳。

夫有公司方可言改良。既改良方可立公栈，而压磅贬价之风自息，此不过撮其大要而已。如蒙核准，决定方针，明示办法，再当联合同志，妥拟详细章程，具禀立案。目前非不欲尽其辞也，尝见吾华每办一事，其虚拟之条陈，未尝不善，臆断之宗旨，未尝不佳，大抵纸上空谈，不求实济，甚无谓也。兹事体大，无的款资助，虽日言改良，恐终无可改良矣。

至于掺杂劣茶一节，其弊实出于洋商，非出于华商也。从前印度、锡兰之茶，外洋无人顾问，贩运者利其价廉，始用华茶二七相掺，继用对掺，暗将饮茶之人口味转移，遂公然以印锡之产，自著商标，并欲驾乎华茶之上，甚且腾布报纸，反斥华茶有害卫生，所谓作贼之人诬人为贼，殊堪发指，匪特此也。请言花香，查制造砖茶之料，名曰花香，即红茶末子，茶叶可于出洋之后，零售之时，播弄手脚。砖茶必经压制而成，非从地头掺入不可。光绪十五年，为印锡花香来华之嚆矢，其初来也，数目不多，假称转口之货，原货出口，例不纳税，海关税司遽徇其请，任便出入，逐年加增，今已积至二十余万担，实为一大漏卮。无论夺我商务甚巨，瞒我税款数已不赀。夫转口之货，系原物原包，不另改装之谓也。今既以花香制成砖茶，是犹棉花织成布帛，名目已自不同，何得诳称转口，应请咨商税务处，饬下海关税司，严加禁阻。抑或科以进口重税，出口又照砖茶一律征收，庶几挽回利权也。花香如此，推之茶叶作弊，咎属伊谁，无待蓍龟矣。

噫！吾华商务困难已达极点。茶叶尤觉可危，不亟自谋，将无噍类，深恨人心不齐，眼光如豆，任其自澌自灭。以至于今，幸逢堂宪大人俯恤下情，将施拯救，不揣冒昧，敢贡刍荛，敬述大概情形，伏维亮察。惟商人久居市井，自愧词意多乖，或须面质之处，一蒙呼召，谨当匍匐渎陈，附呈宁祁新茶四罐，统希钧鉴，合并声明，谨略。

《东方杂志》1909年第10期

批奖宁茶改良公司

（江西）义宁州杜豫堂刺史禀报，近日茶市及遵办茶叶讲习所增设茶叶改良公司各情形，奉赣抚冯星帅批云，出口华货，向推丝茶，华茶日减，洋茶日盛，旧有利源，侵夺堪虞。论茶务者，表面虽推印度、锡兰，实则远逊华茶。华产以祁宁为最，惟培壅、采摘、焙制诸法不如印锡。义宁又不如祁门，遂致年年绌销失败。该牧留心考察，能于培壅、采摘、焙制三项改良，实扼振兴茶叶要领，印锡肥料，或不宜华土。若取法祁茶，以麻枯饼等四项为肥料之主，自不难追踪祁产。土肥自易生发，发早自可早摘。再于培壅、焙制，去其旧日污点，及掺杂他叶诸弊，自卜蒸蒸日上，乃系一定之理。况本年初春，首批之茶已获厚利，群情较易振兴，而又有讲习所之演说□劝，已备将来因势利导，渐推渐广，俾旧日失败得以挽回，仍复从前岁产数百万金之旧额而广大之。则该牧主动鼓舞，有益地方，良非浅鲜。闻宁帮茶商深明大义，注意改良，而壅肥、采叶皆属山户之事，亟应茶商、山户联络一气。或肥料不足，而贷以资本，或采摘失时，而策以优价为补助鼓励之机关。尤愿该牧敦劝茶商领袖，齐力倡导，劝求改良，进行勿懈，是本部院所企祷也。茶叶已设讲习所，又设各乡分所，调查督课，无庸再设，劝业员森林利溥，劝惩兼施，遵种已有七八成，阅之甚为欣慰。另立户册，归并调查督课办理，以期赓续，皆称妥洽，仰劝业道酌核饬遵，并录批转饬知照。

《申报》1909年9月9日

一九一〇

本部具奏请就产茶省分设立茶务讲习所折

奏为华茶销场日减，请就产茶省分设立茶务讲习所，以资整顿，而挽利源，恭折仰祈圣鉴事。窃臣部于本年闰二月间，具奏分年筹备事宜，单开第二年应设茶务讲习所等语。当经宪政编查馆核定复奏在案，臣等伏维中外互市以来，所恃以颉颃洋货补塞漏卮者，蚕丝而外，茶称大宗。嗣以印度、锡兰等处，多方讲求选种、培莳，利日以夺，业遂渐衰。推原其故，皆由印锡用机器制造，中国则用人工；印锡地气温暖，终年皆产茶之时，中国则一岁产茶不过数月，气候使然，势难并论。他如采摘之品未经拣齐，□□之法未能致密，以及掺杂、作伪之弊，间亦难免，然犹不至十分损失者，其原质之色香味，究非印锡等茶所可望也。诚能并力以经营，自可及时而补救，是以臣部迭饬，考察各国商务随员调查进口茶数、价值，分别立表，并令将各国行销华茶茶样，送部分给赣、皖、闽、粤、湘、鄂、川、浙等省，悉心考验，逐渐改良，冀保固有之利源，兼为扩充之地步。

查日本东京及横滨等埠，设有中央会议所、联合会议所、茶业组合所、检查制茶所，急起直追，不遗余力。中国上海、汉口虽均设有茶业公所，江西义宁州地方，近亦设有茶业改良公司，而联结之力未充，研究之方未备，仍非治本探源之计。亟宜于产茶各省，筹设茶务讲习所，俾种茶、施肥、采摘、烘焙、装潢诸法，熟闻习见，精益求精，务使山户、□商□获其利，人力、机器各洽其宜。如蒙俞允，即由臣部通行产茶省分各督抚臣，一律迅饬兴办，并将入手办法，厘订章程，送部备核，仍由臣部随时考察。俟办有成效，再由臣部照章给奖，以示鼓励。而劝将来所有华茶销场日减，请就产茶省分设立茶务讲习所，缘由理合，恭折具陈。伏乞皇上圣鉴训示。谨奏。

宣统元年十二月十三日具奏，奉旨依议。钦此。

《商务官报》1910年第1期

加收茶引路股之阻力

（安徽）祁门茶商禀江督电云：两江督宪钧鉴，皖路公司停收茶引路股，前经禀准有案。今闻复欲加收，商力实有不逮，仍乞主持停收，以舒商力。祁门茶商代表张书绅叩铣。

《申报》1910年4月29日

本公所农务科科员陆溁奉委调查两湖、祁门、宁州茶业情形

汉口茶商

查汉口地形四通，水陆交会，为是江一带茶市之总枢纽。湘鄂皖赣之茶，悉集于此。茶商共有六帮：一、山西帮，二、广东帮，三、江西帮，四、湖南帮，五、安徽帮，六、湖北帮。六帮中向推广帮为首，近则砖茶畅销，资财流通以山西帮为第一。惟茶商素无团体，对于外人不求所以争胜之学问，对于同业不求所以联络之方针，故六帮茶叶公所表面虽有可观，并无实在合群之势力，亦少锐意进取之人才。

茶商资本

查六帮茶商拥有巨资如熙太昌号等亦属不少，惟近年茶务日坏，大资本家闻风裹足，往往兼营别项商业，其小本商人则希图贪多，假如真实资本仅及万金，办茶必至二三万，名曰上架子，即息借庄款之谓。故茶商办茶，利在速售，稍不畅销，息重亏折，且还款期迫，不得不减价求售。洋商知其情，又故意压抑之，于是今年亏本，明岁即视茶为畏途。例如汉口前有浙帮，历年亏耗，近已销声灭迹，此明证也。

茶业种类

查青茶即绿茶，其采取时间在谷雨之前，制法不用日晒，两湖所出仅供内地需用，皖赣所出则由上海贩运出洋，红茶采取在谷雨之后，制法必用日晒，每岁贩运出洋，销路极广，尤以俄国商场为最大，近因印锡红茶盛行，销数日减，较之光绪初年，减去十成之八九，其名目亦分头春（即谷雨之后，芒种之前所采制者）、二春（即芒种之后，小暑之前所采制者）、三春（即小暑之后，立秋之前所采制者），其装箱用薄板，内夹铅片，外饰以红绿花纸，形式粗俗，极不雅观（此项装潢亟宜改良），每箱约重六十三斤，除箱板铅皮十三斤外，净茶约五十斤（头春如此，二、三春止四十余斤，因头茶细，故重，二、三春粗，故轻），名曰二五箱（此系最普通之茶箱）。其制造红茶时，茶尖之破碎断截者，即以之研为细末，名曰花香。两湖、祁门、宁州多用布袋装运至汉口压砖（近亦有在九江、羊楼峒压者），其余拣出之枝梗曰茶梗，老叶、黄叶曰拣皮，破叶曰打片，细碎不成片、复杂以渣滓者曰洗末，则皆内地贫民粗工所饮。又立秋之后，极老茶叶名曰黑茶，其制法同于红茶，茶庄收买用器捶碎，压成砖块，亦为出口大宗。

茶砖制造

查茶砖质坚耐久，输运远方真味不变，将来全球饮料必有趋重茶砖之一日，现在制造茶砖为吾国专门出品，获利至厚，振兴茶务当从此项入手。

制法：

茶砖有两种，一红茶砖（即米砖），一青茶砖（即老茶砖）。红茶砖系用花香制成，其原料以鹤峰花香为第一，祁门、宁州次之，羊楼峒各口又次之，其砖之底面须用上等花香筛至极细作底面之用，近年制砖厂考验得中国花香味淡，不如印锡茶末之浓厚，且颜色元黑（此皆能用肥料培壅之故，吾国内地植茶家亟宜讲求者也），以之作底面尤佳，因之印锡茶末收买愈多，且进中国口无税，故海关贸易册内亦无实数可稽。

制砖法先用茶末秤就斤两，装入布袋，盛蒸锅热（蒸锅盛水八成，上盖竹罩，每锅盛两袋），即趁热放入砖模，压以木板，再用大压力（即用汽力）压之。凡压成之砖，其体尚热，须层叠架空（架在楼上须用一百零八度之热气炉，使满楼皆热），使自干透，阅三星期方可装篓（免吸空气生霉）。凡装篓每块包纸两层，装入竹篓，内夹笋壳（笋壳至阔，产地在崇阳），使勿洩气，外用麻布包裹，再加绳捆。

青砖茶系用秋后老茶叶制成，其原料多用两湖茶（将来皖赣浙闽川广之老叶似宜设法仿制以免废弃），其制法先揉后晒，再用机器捶成极碎，秤就斤两，装入布袋，上蒸锅以及烘干装篓，与红茶砖同，惟红茶砖近来多用铁匡砖模，青茶砖则仍用坚木砖模（铁匡模系用铁闩，坚木模系用螺钉），从前压砖机厂多用火力，近年俄厂发明水汽之涨力极大，故红茶砖多改用水汽压矣。

汉口机制茶砖厂有四：

一、顺丰　俄商　开办已三十年　年压十二万箱左右（箱即篓）

二、阜昌　俄商　开办已三十年　年压五万箱左右

三、新泰　俄商　开办已十余年　年压五万箱左右

按：顺丰、阜昌、新泰资本均二三百万，顺丰、阜昌，九江、羊楼峒均有分厂，现羊楼峒分厂已停，九江之阜昌分厂亦停，惟顺丰分厂在九江出货有万箱之谱。

四、兴商公司　华商　开办已四年　年压五万箱至十二万箱

附：

兴商厂历年出口数

丁未年出口	米砖茶	共三千五百箱
	四五庄青砖	共二千箱
	代压米砖茶	共三千七百七十二箱
	代压四五庄、三六庄、二七庄青砖	共四千一百五十五箱
戊申年出口	米砖茶	共八千七百五十二箱
	四五庄、三六庄青茶	共四千七百九十六箱
	代压米砖茶	共四千九百十八箱
	代压四五庄、三六庄、二七庄青砖	共三万二千四百四十箱
己酉年出口	米砖茶	共二万三百四十六箱
	四五庄、三六庄青砖	共一万一千六百四十一箱
	代压米砖茶	共九千二百二十箱
庚戌年出口（至六月底止）	米砖茶	共九千三百二十五箱
	代压米砖茶	共一千七百十六箱

附：

兴商茶砖汉口售价

<table>
<tr><td rowspan="3">红茶砖每箱八十块(每块俄磅三七五磅)归英镑二百磅</td><td>一号砖</td><td>价银二十四两</td></tr>
<tr><td>二号砖</td><td>价银十八两</td></tr>
<tr><td>三号砖</td><td>价银十五两</td></tr>
<tr><td rowspan="2">青砖茶</td><td>每箱三十六块(每块四十一两),每箱归英镑一百十六磅</td><td>价银六两</td></tr>
<tr><td>每箱四十五块(每块四十五两),每箱归英镑一百六十磅</td><td>价银六两</td></tr>
</table>

羊楼峒茶砖厂：

长盛川机制砖厂，华商（山西帮），每年压数不多；

顺丰机制砖厂，俄商，现停；

阜昌机制砖厂，俄商，现停；

其余制砖厂极多（西帮、广帮最多，土帮极少），每年压数无从稽考。

附砖茶税课及运费：

茶砖出口关税，每担关平银六钱。

自汉口包运至丰台，每箱水脚，米砖二两五钱，青砖一两四钱。

自丰台至张家口，米砖每箱八钱，青砖每箱六钱左右（前由骡送，现由京张车包运）。

自张家口至恰克图骡送，每箱约钱五千文上下。

运茶、运茶砖自海参威至莫斯科无税，进莫斯科则抽税。

按：莫斯科为华茶最大之销场，凡中国所制茶砖，除分运张家口为蒙古一带备用外，余悉为俄人购去，至茶砖运至莫斯科后，售价若干，询之厂中俄人，不肯相告，亦不肯出售。应请禀准大部特派精于俄语及熟悉中外茶务商情者二三员前往莫斯科一带，切实调查彼中销路如何，可以直接方有把握。

茶叶销数及价值

查汉口茶市，合四省之茶计之，其销数以湖南为最多，湖北次之，江西之宁州、安徽之祁门又次之，其价值以安徽之祁门茶为最昂，江西宁州茶次之，湖南安化等茶又次之，湖北茶则更次焉。兹将前三年销数价目列表如下（据茶业公所调查答复清单）：

光绪三十三年两湖茶由汉出口之数

两湖茶		销数	价目
安化茶	头春	十四万三千五百八十三箱	银三十六两至十七两五钱
	二春	四万四千二百七十三箱	银十八两六钱至十三两
	三春	二万零二百二十一箱	银十六两至十二两五钱
桃源茶	头春	八千四百三十七箱	银二十八两至十八两五钱
	二春	九百四十六箱	银十六两至十三两六钱
	三春	无	无
崇阳茶	头春	二万一千八百九十七箱	银二十四两至十六两
	二春	一千九百十四箱	银十八两至十四两五钱
	三春	一千七百九十九箱	银十五两五钱至十二两六钱五分
通山茶	头春	一万四千二百三十三箱	银二十三两二钱五分至十四两
	二春	一万六千四百六十箱	银十六两至十二两七钱五分
	三春	无	无
长寿街茶	头春	二万五千八百七十三箱	银二十六两至十七两二钱五分
	二春	一万一千七百零六箱	银二十两五钱至十三两
	三春	二万八千三百六十箱	银十七两至十三两五钱
云溪茶	头春	八千五百九十九箱	银十九两五钱至十五两
	二春	七千五百零九箱	银十六两二钱五分至十一两七钱五分
	三春	一千九百三十六箱	银十四两至十三两
羊楼峒茶	头春	二万三千一百五十四箱	银二十七两至十五两五钱
	二春	九百十九箱	银十六两五钱至十三两五钱
	三春	四百零二箱	银十四两至十三两五钱
羊楼司茶	头春	三千六百七十四箱	银二十两五钱至十五两
	二春	四百二十六箱	银十五两二钱五分至十三两
	三春	三百十四箱	银十三两八钱至十三两七钱五分

续 表

两湖茶		销数	价目
高桥茶	头春	三千六百七十四箱	银二十两五钱至十五两
	二春	六千八百十三箱	银十六两至十三两
	三春	一千四百六十七箱	银十四两至十二两五钱
浏阳茶	头春	一万八千二百三十六箱	银十九两二钱五分至十二两六钱
	二春	八千八百五十九箱	银十七两至十二两
	三春	一千八百四十一箱	银十四两二钱五分至十二两三钱
聂家市茶	头春	一万六千六百三十二箱	银十九两至十二两二钱五分
	二春	八千九百六十一箱	银十六两至十二两
	三春	四千五百十七箱	银十三两六钱至十二两
平江茶	头春	一万八千五百五十二箱	银二十二两七钱五分至十四两
	二春	二千六百六十一箱	银十三两至十六两
	三春	一百六十一箱	银十四两五钱
双潭茶	头春	三万零六十一箱	银十七两三钱至十三两
	二春	七千八百八十四箱	银十四两五钱至十一两八钱
	三春	六千九百八十箱	银十三两四钱至十一两四钱
醴陵茶	头春	一万五百三十一箱	银十七两至十四两
	二春	二千四百十九箱	银十六两二钱五分至十二两
	三春	一千七百六十四箱	银十三两八钱五分至十一两七钱五分
沩山茶	头春	二千二百七十七箱	银二十两至十三两
	二春	一千四百二十三箱	银十四两五钱
	三春	无	无
宜昌茶	头春	八千六百三十八箱	银六十三两五钱至二十六两
	二春	一千七百二十一箱	银二十七两至二十六两
	三春	一千四百四十八箱	银二十七两至二十五两五钱

光绪三十三年宁州茶由汉出口之数

宁州茶	销数	价目
头春	九万四千九百箱	银六十八两至二十两
二春	一万零三百六十二箱	银二十七两至十七两
三春	无	无

光绪三十三年祁门茶由汉出口之数

祁门茶	销数	价目
头春	八万五千一百零四箱	银七十一两至二十五两
二春	无	无
三春	无	无

两湖头、二、三春茶统计五十四万零二百七十八箱。

以上江西宁州头、二春茶统计十万零五千二百六十二箱。

安徽祁门头春茶统计八万五千一百零四箱。

光绪三十四年两湖茶由汉出口之数

两湖茶		销数	价目
安化茶	头春	十五万九千四百九十二箱	银三十六两至十四两五钱
	二春	五万九千三百七十八箱	银十六两七钱五分至十二两二钱五分
	三春	五千三百五十一箱	银十三两五钱至十一两五钱
桃源茶	头春	一万二千一百九十一箱	银二十八两至十八两五钱
	二春	五千零十七箱	银十八两至十三两五钱
	三春	无	无
崇阳茶	头春	二万五千二百零五箱	银二十六两至十五两五钱
	二春	九千六百零一箱	银十七两五钱至十一两五钱
	三春	四百零三箱	银十三两

续 表

两湖茶		销数	价目
通山茶	头春	二万九千三百五十箱	银二十二两五钱至十三两五钱
	二春	一千六百四十七箱	银十四两三钱至十一两五钱
	三春	无	无
长寿街茶	头春	三万四千八百三十六箱	银二十七两至十五两五钱
	二春	一万四千五百九十四箱	银十七两五钱至十四两
	三春	二千八百五十六箱	银十三两七钱五分至十二两
云溪北港茶	头春	九千五百二十三箱	银二十一两五钱至十五两
	二春	五千七百十九箱	银十四两二钱至十一两
	三春	二百四十箱	银九两
羊楼峒茶	头春	二万三千一百二十三箱	银二十五两五钱至十五两二钱五分
	二春	四百十四箱	银十四两五钱至十三两五钱
	三春	一百箱	银十一两
羊楼司茶	头春	五千八百二十五箱	银二十三两至十七两五钱
	二春	七百二十一箱	银十四两至十三两五钱
	三春	无	无
高桥茶	头春	二万四千四百三十八箱	银二十一两至十四两五钱
	二春	一万一千零二十九箱	银十四两至十两
	三春	四百四十二箱	银九两
浏阳茶	头春	二万三千九百九十二箱	银二十一两至十四两五钱
	二春	一万二千二百四十二箱	银十五两五钱至十两
	三春	一百二十二箱	银九两
聂家市茶	头春	二万六千八百七十四箱	银二十两五钱至十四两
	二春	一万二千七百九十八箱	银十四两七钱五分至九两
	三春	二千五百五十一箱	银八两二钱至八两

续 表

两湖茶		销数	价目
平江语口茶	头春	二万四千六百八十箱	银二十两六钱至十四两
	二春	五千三百十四箱	银十五两七钱五分至十一两二钱五分
	三春	三百箱	银十二两五钱至十一两
双潭茶	头春	三万九千五百十七箱	银十八两五钱至十二两五钱
	二春	二万六千零三十五箱	银十五两至八两六钱
	三春	一万一千二百四十箱	银十一两至七两二钱五分
醴陵茶	头春	九千一百六十六箱	银二十一两至十四两二钱五分
	二春	三千九百九十八箱	银十四两六钱至十两五钱
	三春	三百四十六箱	银九两
沩山茶	头春	二千一百四十四箱	银二十一两至十七两
	二春	二千三百零一箱	银十五两至十三两五钱
	三春	八百九十八箱	银十六两
宜昌茶	头春	九千二百三十箱	银六十五两至二十七两
	二春	一千三百九十二箱	银三十一两至二十八两
	三春	二千四百零七箱	银二十两

光绪三十四年宁州茶由汉出口之数

宁州茶	销数	价目
头春	十万三千三百七十五箱	银六十五两至二十九两
二春	一万零四百四十四箱	银二十四两至十六两五钱
三春	无	无

光绪三十四年祁门茶由汉出口之数

祁门茶	销数	价目
头春	八万一千一百三十七箱	银六十七两至二十六两
二春	无	无
三春	无	无

两湖头、二、三春茶统计六十五万九千零四十二箱。

以上江西宁州头、二、三春茶统计十一万三千八百十九箱。

安徽祁门头春茶统计八万一千一百三十七箱。

宣统元年两湖茶由汉出口之数

两湖茶		销数	价目
安化茶	头春	十五万五千八百十五箱	银三十六两至十一两五钱
	二春	一万二千六百八十六箱	银十二两五钱至九两三钱
	三春	二千八百二十箱	银十二两至十一两二钱五分
桃源茶	头春	八千九百九十三箱	银二十七两五钱至十六两
	二春	六百九十七箱	银十二两五钱至九两七钱五分
	三春	无	无
崇阳茶	头春	二万零八百零二箱	银二十四两至十三两
	二春	一千五百七十一箱	银十一两至十两五钱
	三春	三百七十七箱	银十一两五钱至十两
通山茶	头春	一万六千九百九十箱	银二十一两二钱五分至九两五钱
	二春	一百三十九箱	银八两七钱五分
	三春	无	无
长寿街茶	头春	三万四千三百四十七箱	银二十五两至十二两五钱
	二春	六千七百六十二箱	银十四两五钱至十两八钱
	三春	无	无

续 表

两湖茶		销数	价目
云溪茶	头春	七千三百七十七箱	银十五两八钱至九两六钱
	二春	四百十四箱	银九两五钱至九两
	三春	九百六十二箱	银十一两至九两九钱
羊楼峒茶	头春	二万二千一百零一箱	银二十五两至十二两
	二春	无	无
	三春	无	无
羊楼司茶	头春	二千九百九十九箱	银十七两七钱五分至十两三钱
	二春	二百二十三箱	银九两二钱五分
	三春	二百五十箱	银十一两二钱五分
高桥茶	头春	三万一千零一十五箱	银十八两五钱至九两
	二春	二千五百八十五箱	银十四两至八两五钱
	三春	一千八百八十九箱	银十一两二钱五分至九两一钱
浏阳茶	头春	一万六千八百零九箱	银十七两二钱五分至九两二钱五分
	二春	二千五百四十三箱	银十两五钱至八两五钱
	三春	无	无
聂家市茶	头春	二万六千八百九十二箱	银十七两至九两
	二春	二千二百七十八箱	银九两二钱五分至八两二钱五分
	三春	三千二百八十一箱	银十一两七钱五分至十两五钱
平江茶	头春	二万零二百零二箱	银十七两五钱至九两二钱五分
	二春	一千三百五十九箱	银十两至九两二钱五分
	三春	无	无
双潭茶	头春	三万二千零四箱	银十二两至八两
	二春	三千一百一十九箱	银八两二钱五分至七两五钱
	三春	五千七百七十八箱	银九两一钱至八两五钱

续 表

两湖茶		销数	价目
醴陵茶	头春	二万零二百四十三箱	银十五两至十两
	二春	无	无
	三春	无	无
沩山茶	头春	一千九百二十二箱	银十三两至八两五钱
	二春	无	无
	三春	无	无
宜昌茶	头春	九千五百四十九箱	银六十一两五钱至三十两
	二春	二千七百八十一箱	银二十六两至二十三两
	三春	无	无

宣统元年两湖宁州茶由汉出口之数

宁州茶	销数	价目
头春	九万二千三百五十八箱	银六十八两至十六两
二春	四千三百六十六箱	银二十三两五钱至十七两
三春	无	无

宣统元年祁门茶由汉出口之数

祁门茶	销数	价目
头春	九万四千六百六十八箱	银八十两至二十三两五钱
二春	无	无
三春	无	无

两湖头、二、三春茶统计四十八万零五百七十四箱。

以上宁州头、二春茶统计九万六千七百二十四箱。

祁门头春茶统计九万四千六百六十八箱。

《江宁实业杂志》1910年第3期

世界茶叶销路考察谈

章乃炜

据历年茶业贸易以观，茶叶消用额岁愈增巨，英国如是，他国亦然。揆厥由来，世界生齿既日益繁多，饮茶风习，又渐浸淫乎遐陬远澨，宜乎茶叶市场之日辟，而销路之日广也，而此后之发展，然犹靡得而涯量焉。爰就近今考察所及而粗陈之。

法兰西。1882年，通国消用茶叶额仅及兆磅，今已达二兆磅有奇。巴黎饮午后茶之风，尤为称盛，法英赛会场中，印茶公会又将各种佳茶陈赛，以歆动法人。此后法境茶叶销路或更可大畅。

德意志。二三年前，柏林繁盛市街间新设一茶店，其事业颇顺遂，此亦德人嗜茶日盛之见端也，尤可喜者，德皇已出有奖励军士饮茶之命令，其奖励之意，较从前为更切，凡卫兵所携之酒器，颇有盛之以茶者，据是以推，德国兵制，既须人人充兵役若干年，饮茶安得不盛？且人民于充兵役时，饮茶渐成习惯，退伍时自爱不能释，则德人消用茶叶之量，又复渐推渐广矣。

俄罗斯。印茶经欧洲口岸，辗转而入于俄者，年来颇有过多之患，幸去岁冬季大见松动，则此后输俄印茶，又可见其增盛矣。据俄罗斯茶叶商领袖言，华茶在俄，向占根深蒂固之地位，今则骤被锡兰茶压倒而由英输入之印茶，又复络绎而至，是印茶输俄，固日盛一日也。至论俄商采办印茶，则就印度首府高尔革达，锡兰首府哥仑波两处采办，采办后，附俄罗斯义勇舰输运至黑海口岸，此舰系经苏彝士河而达瓦特隆（俄南方邑，近黑海）者也。

美利坚。美利坚善饮咖啡之国也，欲以清淡之华茶、日本茶而夺其习惯，恐非易事，是以历年来华日输美之茶，虽日见其盛，而美人饮之者，仍未见多也。惟印度茶、锡兰茶力厚味浓，颇为饮咖啡者所嗜，自输美以来，购饮者踵接于道。

澳大利亚。澳洲人民消用印茶，六年前仅六万磅，前昨两半年间，增至十一兆磅，由后比前，几增一倍，然澳亦产有一宗茶叶箱木，足与印度互相交易者也。查锡兰所最缺乏者，莫如茶叶箱，茶叶箱之木，须轻而耐久，又须绝无气味，向来率用日本麻密木，时遭败坏。今乃考得西澳有一种树，名曰氏树，体轻，质坚韧，无气味，凡关

于茶叶箱木之所必需者，无不毕具，如制箱时干燥合度，自无破裂之虞。

摩洛哥。摩洛哥前两年因政治上之纷纠，商务异常败坏，近数月来，渐见恢复，其需要茶叶，都系华产绿茶。

统计世界各国销用茶叶总额，岁约六百七十七兆磅，其中产自印度、锡兰者，占百分之六十，产自中国者，占百分之二十六，产自日本者，占百分之六，余则产自爪哇及别国。

《湖北农会报》1910年第2期

禀请派员劝缴茶商路股

皖省铁路公司抽收芜湖广潮帮米股，徽州府属茶商茶股。路捐前经各商议明，暂行停缴，现由该路总理周学铭动丁修筑，竭力赶办，需款也殷。所有芜湖米股、路捐，业经各商遵议规复，惟徽郡茶股，尚未遵缴。顷经该总理禀请江督札委直隶候补直隶州洪为彭、江苏直隶州洪冀昌，前往该州与茶商妥为接洽。所有认捐路股，期与米股，一律规复。至洪牧等均系徽州人，素孚茶商众望，故该总理禀请江督札，派前往劝办云。

《申报》1910年8月28日

呈度支部农工商部整顿出洋华茶条议

江宁劝业道李哲濬

敬禀者窃查华洋贸易，彼以纱布、我以丝茶为大宗。近来洋货日进，土货日退，其原因由丝茶之失败。丝夺于意日，茶夺于印锡，此固无人不引为隐忧。然蚕桑一项，近来各省皆知讲求，而商家亦有研究新法者，唯华茶一项，销路日绌，商家既不注意，国家亦不干涉，任其失败，伊于胡底。

查甲午以前，华茶输出海外有二百万担左右。至十五年前，即光绪二十二年之海关册，尚有一百八十六万二千三百十二担，迄近今三□，减至一百四十万担以

下，内中砖茶居十之四，华茶销于欧美者，不满五十万担。砖茶系俄人在汉口制造，名曰华茶，实则利权已入俄人之手。查俄人所设之砖茶厂，共有三百家，曰顺兴、曰阜昌、曰新泰，开办已二三十年，资本均二三百万。每年制成红绿及小京砖茶，计二十五六万箱左右，每箱计二百英镑，合华一百五十斤。是岁，出有三十六万担之巨，已占华茶全额三分之一。此项原料名曰花香，系由红茶末制成。近年来红茶销路日绌，茶末亦日少，而砖茶何以年增一年？盖由于俄人将印度、锡兰茶末运入中国，掺和制成。印、锡茶末香虽不及华茶，而色味则由制造合法，较为浓厚，一经掺和，其味加美，适于外人之嗜好。

查三十三年海关册，印、锡茶进口已有十一万一千九百八十二担，若不亟思改良抵制，吾恐印、锡茶不但战胜于海外，并将战胜于国内矣。不但夺我在欧美红茶之销路，并将夺我在俄国砖茶之利益矣。今欲改良制造，收回利权，扩充销路，断非一二茶商所能为力。况茶商素无团体，种茶与制茶及贩卖者，各营各业，不相联络，非由国家设大公司，合全国官商之力以谋之不足有济。英美向嗜华茶，近来在美国市场，华茶仅占百分之三十九，在英国则仅占百分之三，其大多数皆属印度、锡兰茶。现时华茶销路虽绌，信用尚存，失今不图，华茶将绝迹于欧美市场，虽欲补救而无及矣。兹就管见所及，条列于下：

一　茶之沿革

茶之沿革，其来已久，因无关于事实，故不具论。唯榷茶之法，始于唐德宗，自北宋以后，即为国家专卖品。宋初民间种茶者，领本钱于官，而尽纳其茶，官自卖之，私卖者有罪。至天圣间，改为贴射，嘉祐间改为互市，至政和以后，改为茶引，与盐商无异。由元迄明，相沿不废。或为官卖，或置商引，要皆视为国家营业之一种，未尝放任于人民。及我朝，弛一切之禁，许各地人民得以自由种植，然犹于贩运售卖之茶商，课其茶税。课税之法，茶商先领茶引，茶引每年由户部颁定于产茶各地，由地方官转给茶商。茶商上纳茶引与纸价照所纳之课，而受引、照引之额，而购茶或贩运或出售或住卖，皆以引为信，无引者谓之“私茶”，卖者有罚。向来业此者结一团体，独擅其利，户部所颁下之引皆由若辈尽收之，不许他人领引，有领引者必百方妨碍，使其不得营业。其垄断茶利，与盐商之把持盐利无异，此等制度在国初闭关时代为禁止私运起见，不得不然。迨至海禁大开，此例遂破，外人在我国开设茶行，专收茶叶运至各国，于是华商专卖之权逐渐移入洋商之手。故论茶之沿革，可分为三时期：由唐迄明为国家专卖时代；自国初迄通商以前，为

限制营业时代；自通商以迄今日，为自由贸易时代。实则所谓自由贸易者对内而言耳，若就出洋而言，则专卖之权早已入外人之手，故此时代谓之外人专卖时代亦无不可。（未完）

《申报》1910年10月31日

呈度支部农工商部整顿出洋华茶条议（续）

江宁劝业道李哲濬

二　茶之产地及运路

今欲组织大公司，将出洋之茶归官专卖，非设极大制茶厂于产地不可，则茶叶之产地及输出口，不可不详。按我国产茶之地，以两湖为最，皖、赣次之，浙、闽又次之，兹将各省产茶著名各地，列表于下：

湖南省

岳州府属：临湘县（聂家市）（白荆桥）、巴陵县（巴陵）（云溪）（渔口）（晋坑）（北港）、平江县（语口）。

长沙府属：湘乡县（湘乡）、湘潭县（湘潭）、醴陵县（张家碑）（醴陵）、浏阳县（浏阳）（高桥）（长寿街）、安化县（安化）（硒州）、湘阴县、益阳县。

衡州府属：祁阳县。

常德府属：桃源县。

宝庆府属：新化县。

其他各府：江南坪、东坪、桥口、黄沙坪、朱溪口、楼底、蓝田、永丰。

湖北省

武昌府属：咸宁县（马桥）（栢墩）、通山县（杨芳林）（通山）、蒲圻县（羊楼峒）（羊楼司）（蒲圻）、崇阳县（白霓桥）（崇阳）（大沙坪）（小沙坪）、通城县、兴国州（龙港）。

荆州府属：宜都县。

宜昌府属：鹤峰州、长阳县。

其他各府：驳岸、栗树、虎爪口、城内、西乡、桃树凹。

江西省

南昌府属：武宁县、义宁州。

吉安府属：吉水县、龙泉县。

广信府属：铅山县（河口镇）。

九江府属：瑞昌县。

宁都府属：瑞金县。

饶州府属：浮梁县。

安徽省

徽州府属：祁门县、婺源县。

宁国府属：太平县。

池州府属：建德县。

六安州属：英山县、霍山县。

福建省

福州府属各县。

建宁府属各县。

邵武府属各县。

浙江省

绍兴府属：诸暨县。

宁波府属：奉化县、镇海县（柴桥）、定海厅。

温州府属：平阳县。

除右（上）六省外，若云南、四川、广东亦均产茶，四川茶自打箭炉输入西藏；云南茶由蒙自出口运往安南，因交通不便，销路无几；广东茶行销南洋各埠者，皆售于华侨，无关国际贸易，故不具论。兹但就六省而论，以湖广为最，湖北茶全出汉口，湖南茶则由岳州转运，亦自汉口输出，合计两省输出之茶叶，年额四十万担，尚有砖茶三四十万担在外。次之则江西、安徽茶，两省之茶十之六七，溯扬子江，经九江而出汉口。据最近海关之报告，约二十万担，其小部分则由浙江运上海，不过十二三万担。又次之，则闽浙茶。闽茶从前极盛，当甲午前，输出海外有三十万担，而台湾茶尚在其外，大半皆系精茶，有工夫小种、乌龙、白毫等名目。而花香珠尤为西人宝贵，今则不满二十万担，向由厦门输出，今则三都澳开埠，可以直达外洋。其附近之沙埕，实为茶市之中心。故论华茶之输出口，除福建

茶自成范围外，皆以汉口为中枢，由汉口分六路输出内外各地。第一路，溯汉水至樊城，一部分赴赊旗镇，分配于四方；一部分经龙驹寨，达西安府，分配于蒙古、新疆、西比利亚。第二路由海道入天津，经张家口入蒙古，分配于西比利亚及俄罗斯本部。第三路装外洋汽船至浦盐，分配于黑龙江一带及俄领沿海州。第四路乘俄之义勇舰队，分配于俄领各州。第五路装外洋汽船直达伦敦。第六路装长江轮船先至上海，以待时机，再输出于欧美各国。

以上六路，为向来之运路，今则京汉与京奉、京张皆已接轨，可由汉口上车，直达天津。一部分换装京奉火车，分配于东三省、西比利亚及俄本国；一部分换装京张火车，分配于内外蒙古及库伦。惟欧美各国，不可不利用海道，自当由上海转运。今欲扩充华茶之商路，当设转运总局于汉口，设分局于上海、天津，以天津为陆路机关，司西北诸省及俄领本部之贸易。以上海为水路机关，司南洋群岛及欧美诸国之贸易。福建或附于上海，或于三都澳设一转运处，以司南洋及欧美之贸易，亦无不可。此商路之大要也。

至于欲求茶叶之精良，尤当加意于制造，各省非设大制茶厂不可。湖南之茶，以湘江流域为最，当设厂于醴陵。湖北之茶，以蒲圻县为最，当设厂于羊楼峒。江西之茶以南昌、饶州府属为多，当设厂于义宁州或河口镇。安徽之茶，祁门为最，厂当设于徽州之祁门县。福建则设于三都澳之沙埕。浙江则设于温州或宁波，不但交通便利，且与各省产地亦相连络。此厂地之大要也。

《申报》1910年11月1日

顺泰昌茶号

本号开设北四川路仁智里六街口七十三号门牌，专办谷雨节前宁州、祁门、龙须、白毫、福州水仙、乌龙，包种武夷、龙井等处高峰红绿名茶。更不惜工本，加意考求，提选上品，兼备各色装璜箱罐，最宜送礼之需，以副诸尊赐□之雅。今有新到金山苹果批发格外公道，以广招徕。此布。

《申报》1910年12月6日

一九二一

茶商学堂部已核准立案

（安庆）农工商部近咨皖抚内开，徽州府茶商洪廷俊创设茶商学堂，研究栽种焙制，诚为振兴茶税，补救利源要政，所需经费，系由地方捐款。该府复于其中提倡规画，得以成立，均堪嘉尚，自应照准立案，仍将办理成绩，随时报告本部查核。

《申报》1911年1月10日

祁门民情之习惯（节选）

子、住居之流动固定　祁门近城一都，大半经商赣、浙、沪、汉诸地；东乡向分内外，类营商在外，又游宦者多，故住居多流动；南乡、西乡民情最古；北乡农家者流，只知稼穑，不务诗书，故住居多固定，近有不避险阻，远游万里之外者，此亦民情变易之一证。

…………

寅、食用好尚之方针　旧志："家居务俭啬，茹淡，操作日再食，食惟馇粥。客至不为黍，不畜乘马，不畜鹅鹜，贫窭数月不见鱼肉。"此昔日之俭约也。近今民风稍奢，喜用洋货，惟城一都为最。西、南两乡茶业最盛，北乡无大宗出产，而好尚亦喜新奇，至各乡佃民，多购土货，犹有羲皇之遗风焉。

卯、生产不生产之分数　城一都东乡居民，大率以经商为生产；西、南、北各乡居民，大率以种植为生产。就一邑而统计之，为士者约十分之一，为工商者约十分之二，为农者约十分之五，其不生产者约及二分。

…………

子、职业趋重之点　祁田高亢，快牛剡不得用，入甚薄，岁祲粉蕨葛佐食，故乡民趋重在农，天将曙，举家爨火，致力于山场。此外，以植茶为大宗，东乡绿茶得利最厚，西乡红茶出产甚丰，皆运售浔、汉、沪、港等处。

（清）刘汝骥：《陶甓公牍》卷十二《法制·民情习惯·祁门民情之习惯》，《官箴书集成》第10册，黄山书社1997年版，第601页

祁门风俗之习惯（节选）

居处 祁邑城人烟稠密，四处交通居处皆楼房。……东乡双溪诸村，多名家大族居处，与城关相似，家藏器具，有留传至数百年者；南乡侯潭地近江右，舟楫易通，第宅相连，大有广厦万间之象；西乡历口，近日业茶获利者，屋宇亦多壮丽。其余农家者流，开门见山，终日荷锄田亩，有客问津此地，水尽山穷又有柳暗花明之处。

（清）刘汝骥：《陶甓公牍》卷十二《法制·风俗习惯·祁门风俗之习惯》，《官箴书集成》第10册，黄山书社1997年版，第603页

祁门绅士办事之习惯（节选）

寅、能力 祁邑办事士绅能力薄弱，捐私财以图公益者，尤不多见。徽州府物产会，祁门摊费洋二百元，茶商汪克安独力认捐，蒙府宪颁发名誉执照，士论多之。

……

巳、有继续力无继续力 祁邑地方瘠苦，凡事无继续力，自光绪三十一年开办学堂，地方公款尽数拨入，费足则事易举，为合邑之最有继续力者。此外，办理公益，诸多棘手，虽有巧妇，不能作无米之炊，宜其无继续力也。

未、经费 学务经费，惟官立高等小学为最，岁入墨银三千余元；西乡学堂抽园户茶捐，岁墨银二千余元；南乡学堂岁墨银一千八百余元；东乡初等小学四所，约共墨银六百元，皆取之园户茶捐。

（清）刘汝骥：《陶甓公牍》卷十二《法制·绅士办事习惯·祁门绅士办事之习惯》，《官箴书集成》第10册，黄山书社1997年版，第607页

统制茶叶产销

思　棣

去年皖省统制祁茶，曾为上海茶栈商所反对。本年福建又有统制该省红茶之议，而该省茶商亦已表示不满，主张从缓实行。实部鉴于各省之枝节办理，反多纷歧，故拟组织中国茶叶公司，官商共同出资，实行改善茶叶之产制运销，不可谓非茶叶前途之佳兆。惟举办一事，必有目的，而统制茶叶之目的，在乎谋产制、运销之改良，是为民谋利，而非与民争利。此层应先明白决定，且须时时循此进行方可。

今茶叶之有关系者，茶农、茶工、茶商皆民也。若得产制运销改良，外销通畅，茶价提高，是于茶农、茶工、茶商均有利者。若谓茶农、茶工受茶商之剥削，则政府当于统制之时，顾及茶农、茶工之困难，而提高其生活，优裕其待遇。若谓茶商受外商之压迫，则政府应排除其痛苦，而维护之，斯乃合于为民谋利之旨。若攫茶农、茶工之利于茶商之手，则茶农、茶工、茶商均蒙其不利，是争利也。且兴利而先使茶工发生失业之恐慌，茶商发生亏本之痛苦，尤非所以副其为民谋利之本旨也。天下事往往有宗旨极正当，而手段一失当，利未见而害先呈者，不可不慎也。故关于茶业统计，希望实部本为民谋利之旨，各方兼顾，以减少阻力，而增加效能。否则纠纷一起，消耗精神于调解请愿等等，殊非官民双方之利也。

《钱业月报》1911年第3期

后　记

本丛书虽然为2018年度国家出版基金资助项目，但资料搜集却经过十几年的时间。笔者2011年的硕士论文为《茶业经济与社会变迁——以晚清民国时期的祁门县为中心》，其中就搜集了不少近代祁门红茶史料。该论文于2014年获得安徽省哲学社会科学规划后期资助项目，经过修改，于2017年出版《近代祁门茶业经济研究》一书。在撰写本丛书的过程中，笔者先后到广州、合肥、上海、北京等地查阅资料，同时还在祁门县进行大量田野考察，也搜集了一些民间文献。这些资料为本丛书的出版奠定了坚实的基础。

2018年获得国家出版基金资助后，笔者在以前资料积累的基础上，多次赴屯溪、祁门、合肥、上海、北京等地查阅资料，搜集了很多报刊资料和珍稀的茶商账簿、分家书等。这些资料进一步丰富了本丛书的内容。

祁门红茶资料浩如烟海，又极为分散，因此，搜集、整理颇为不易。在十多年的资料整理中，笔者付出了很多心血，也得到了很多朋友、研究生的大力帮助。祁门县的胡永久先生、支品太先生、倪群先生、马立中先生、汪胜松先生等给笔者提供了很多帮助，他们要么提供资料，要么陪同笔者一起下乡考察。安徽大学徽学研究中心的刘伯山研究员还无私地将其搜集的《民国二十八年祁门王记集芝茶草、干茶总账》提供给笔者使用。安徽大学徽学研究中心的硕士研究生汪奔、安徽师范大学历史与社会学院的硕士研究生梁碧颖、王畅等帮助笔者整理和录入不少资料。对于他们的帮助一并表示感谢。

在课题申报、图书编辑出版的过程中，安徽师范大学出版社社长张奇才教授非常重视，并给予了极大支持，出版社诸多工作人员也做了很多工作。孙新文主任总体负责本丛书的策划、出版，做了大量工作。吴顺安、郭行洲、谢晓博、桑国磊、祝凤霞、何章艳、汪碧颖、蒋璐、李慧芳、牛佳等诸位老师为本丛书的编辑、校对付出了不少心血。在书稿校对中，恩师王世华教授对文字、标点、资料编排规范等内容进行全面审订，避免了很多错误，为丛书增色不少。对于他们在本丛书出版中

所做的工作表示感谢。

本丛书为祁门红茶资料的首次系统整理，有利于推动近代祁门红茶历史文化的研究。但资料的搜集整理是一项长期的工作，虽然笔者已经过十多年的努力，但仍有很多资料，如外文资料、档案资料等涉猎不多。这些资料的搜集、整理只好留在今后再进行。因笔者的学识有限，本丛书难免存在一些舛误，敬请专家学者批评指正。

康　健

2020年5月20日